广西野生大豆种质资源

曾维英 等 著

中国农业科学技术出版社

图书在版编目（CIP）数据

广西野生大豆种质资源 / 曾维英等著 . -- 北京：中国农业科学技术出版社，2023.2

ISBN 978-7-5116-6206-4

Ⅰ.①广…　Ⅱ.①曾…　Ⅲ.①大豆－种质资源－广西　Ⅳ.① S565.102.4

中国国家版本馆 CIP 数据核字（2023）第 025521 号

责任编辑	白姗姗
责任校对	李向荣　贾若妍
责任印制	姜义伟　王思文

出 版 者	中国农业科学技术出版社
	北京市中关村南大街 12 号　　邮编：100081
电　　话	（010）82106638（编辑室）（010）82109702（发行部）
	（010）82109709（读者服务部）
网　　址	https://castp.caas.cn
经 销 者	各地新华书店
印 刷 者	北京捷迅佳彩印刷有限公司
开　　本	185 mm × 260 mm　1/16
印　　张	15
字　　数	310 千字
版　　次	2023 年 2 月第 1 版　2023 年 2 月第 1 次印刷
定　　价	248.00 元

《广西野生大豆种质资源》
著者名单

主　著：曾维英

副主著：孙祖东　　谭玉荣

著　者：赖振光　　陈怀珠
　　　　杨守臻　　覃夏燕
　　　　唐　娟　　唐向民
　　　　陈东亮

　　野生大豆是栽培大豆的近缘祖先种，在长期自然选择中形成了较为丰富的优质变异类型，携带着抗病虫、抗旱、耐冷、耐瘠薄、耐盐、高蛋白、高异黄酮、多花多荚等有利基因，是大豆遗传育种重要的资源，也是研究大豆起源、演化、生态、分类、生理等不可多得的重要材料。通过对野生大豆基因组研究发现，野生大豆特有基因遗传变异十分丰富，在拓宽大豆遗传基础、创制新种质上有着巨大的潜力，是发展大豆遗传改良的重要基因资源；同时，野生大豆具有营养丰富、生长发育迅速、产草量高等特点，有可能成为青贮、青饲、绿肥的新资源。

　　我国是大豆的原产地，目前世界有90%以上的野生大豆资源分布在我国，逾6 000种。除新疆、青海、海南3省（区）没有野生大豆外，其余各省份都有分布。野生大豆是豆科大豆属soja亚属的唯一野生种，本亚属仅有两个种，另外一个为栽培种，即人类食用的大豆。野生大豆是栽培大豆的近缘野生种，有"植物大熊猫"之称，一直是我国的优势物种资源，已被列入《国家重点保护野生植物名录》（第一批）。

　　广西壮族自治区（以下简称广西）地处亚热带，属亚热带季风气候区，雨水丰沛，光照充足，自然条件优越，生物多样性丰富度居全国前列，具有数量多、分布广、特异性突出等特点，为我国17个重点保护的生物多样性地区之一和16个生物多样性研究热点地区之一。因此，广西也是野生大豆种质资源的重要分布区域。

　　为了全面、系统地保护优异的野生大豆种质资源，广西前后开展了4次野生大豆种质资源普查收集工作。即1981—1982年对广西野生大豆进行了一次较大规模的收集，基本查清了其分布情况，确定了广西象州县是我国野生大豆地理分布的南限，广西野生大豆主要分布于桂东北、桂东、桂中、桂西北4个生态区，由于各个区域的生态条件不同，形成了适应各种自然条件的生态型，同时收集到一批宝贵的野生大豆种质资源；1991—1995年在桂西山区农作物考察收集中，在隆林和乐业等县发现有野生大豆种质资源分布；2008年以野生大豆分布较多的桂林地区为重点考察区，再辐射到周边地区，考察了野生大豆分布情况、生长环境及其变化；2015—2021年"第三次全国农作物种质资源普查与收集行动"又对广西有野生大豆分布的县域开展了全面调查。从4次广西野生大豆种质资源考察与收集工作中发现广西野生大豆资源优异，种类也较丰富，且分布范围比较广，有一定的研究利用价值。同时，也发现由于没有建立野生大豆原生境保护机制，主要是因为人为活动，包括城市的扩建，特别是除草剂的使用，严重影响野生大豆种群的分布。广西野生大豆分布区域在缩小，野外的群体也在减少。为了保护好广西野生大豆种质资源，充分利用好野生大豆的抗性基因，应做好保护策略。

大豆胞囊线虫病曾使美国大豆生产遭受了灭顶之灾，然而美国科学家在我国的野生大豆"北京小黑豆"中找到了抗此病的基因，使美国一跃而成为超过我国大豆生产第一强国。美国孟山都公司利用我国的野生大豆资源，发现了与控制大豆高产性状密切相关的"标记基因"，向包括我国在内的100个国家提出了64项专利保护申请。吉林省农业科学院从1983年开始，利用野生大豆开展选育大豆细胞质不育系研究，育成世界上第1个大豆杂交种，还利用野生大豆种质选育吉林小粒1～7号，其中吉林小粒1号是我国直接利用野生大豆育成的第1个通过省品种审定的大豆新品种，吉林小粒4号种植区域跨越7个纬度，适应性广；刘德璞等将野生大豆总 DNA 导入栽培大豆中，创制出比受体品种吉林 20 增产 15% 以上和耐大豆蚜虫的优良品系，选育出的高油大豆新品种吉科豆 1 号，在生产上大面积推广应用；杨光宇等从利用野生大豆配制的杂交组合中获得了一批蛋白质含量超过 50% 的株系；姚振纯等利用野生大豆选育出的大豆新品系龙品 8807，蛋白质含量 48%，蛋白质加脂肪总含量达到 66% 以上；东北农业大学通过对种间杂种后代的自交选择和回交改良，获得产量潜力大、性状突出的中间材料，其中有多荚丰产型、强分枝丰产型和多节丰产型；付连舜等利用回交方法获得抗大豆花叶病毒病、无褐斑粒、比铁丰 24 增产 32.9% 的高产株系；杨光宇等通过种间杂交或一次选择性回交和广义回交等方法，创制出一批单株荚数 150 个以上、节间短、每节荚数多、有效节数多、百粒重 20.0 g 左右的高产品系或中间材料，其中野 9112 品系产量潜力在 4 000 kg/hm^2 以上，选育出高产、耐盐、抗旱、高蛋白的吉育 59、吉育 66 等大豆新品种；黑龙江省农业科学院利用寒地野生大豆挖掘出高异黄酮、调控花期、产量、抗性等多个重要育种目标性状相关基因；山东省农业科学院利用野生大豆选育的"东饲豆 1 号""鲁饲豆 2 号"和"鲁饲豆 3 号"可极大提高饲草产量，真正实现了野生大豆饲草高产，相较于其他饲草，产量提高了 12% 以上；国外还在野生大豆中发现了能改善大豆豆乳口感的 A 组皂角苷突变体（无豆乳苦味突变体）。

因野生大豆种质资源具有良好的研究效果，所以应广泛地收集野生大豆种质资源，并进行各种需求性状的鉴定，加大对野生大豆种质资源的应用，从多个角度进行研究分析，利用优异基因资源，实现我国从农业大国向农业强国的转变。

著　者

2022 年 12 月

CONTENTS

目 录

第一章
广西野生大豆种质资源概况

第一节　野生大豆种质资源概况

野生大豆是栽培大豆的近缘野生种，有"植物大熊猫"之称，一直是我国的优势物种资源，已被列入《国家重点保护野生植物名录》（第一批）。由于其具有许多野生状态下自然形成的优良性状，如抗旱、抗病虫、耐冷、耐盐、耐瘠薄等有利基因，具有高蛋白、高异黄酮、结荚多而密、多粒、虫食率低等特点，被认为是提高大豆蛋白质含量和改善大豆品质、抗病性和抗逆性的重要基因资源，是研究大豆起源、进化、分类的宝贵资源；且通过野生大豆基因组研究发现，野生大豆特有基因遗传变异十分丰富，在拓宽遗传基础、创制新种质上有着巨大的潜力，是发展大豆遗传改良的重要基因资源。另外，利用野生大豆可以培育出高蛋白、产量性状突出的中间材料，具有遗传基础广和变异丰富的特点，在大豆育种程序中应用这些材料将增大遗传多样性，扩展大豆育种遗传基础，为大豆育种工作带来活力和突破；野生大豆具有营养丰富、生长发育迅速、产草量高等特点，有可能成为青贮、青饲、绿肥的新资源；同时，野生大豆还具有健脾利水、消肿下气、润肺燥、止盗汗、乌发等功效，还可以作为原料开发医药制品和保健食品。

野生大豆研究已成为世界各国科研机构和育种公司争夺专利权的目标。大豆胞囊线虫病曾使美国大豆生产遭受了灭顶之灾，然而美国科学家在我国的野生大豆"北京小黑豆"中找到了抗此病的基因，使美国一跃而成为超过我国的大豆生产第一强国。美国孟山都公司利用我国的野生大豆种质资源，发现了与控制大豆高产性状密切相关的"标记基因"，向包括我国在内的 100 个国家提出了 64 项专利保护申请。

栽培大豆由一年生野生大豆驯化而来，我国是栽培大豆的起源地，大豆资源总数占世界首位，其中一年生野生大豆占全世界的 90%。

野生大豆在世界上的分布范围非常狭窄，仅分布于中国、朝鲜半岛、日本列岛及俄罗斯的远东地区。最东为日本北海道（E143°），最南到广西象州县（N24°），最西到西藏察隅县（E97°），最北到黑龙江漠河县（N53°）。我国野生大豆分布的最南界是广西来宾市象州县，此位置以北大部分县镇均已发现野生大豆。因此，广西被认为是野生大豆分布的南缘，广西的野生大豆对研究大豆的起源与演化具有重要的地域意义。

第二节　广西野生大豆种质资源

广西野生大豆主要分布于桂东北、桂东、桂中、桂西北 4 个生态区，由于各个区域的生态条件不同，形成了适应各种自然条件的生态型。高海拔的野生大豆，一般表现为植株矮、叶片小，荚与种子比低海拔的小。随着海拔高度的降低，野生大豆的植株高度及百粒重均有明显的增加。

一、遗传多样性

由于各个区域的生态条件不同，广西野生大豆有丰富的遗传多样性，根据植株外部形态，广西野生大豆可分为 3 个类型。

普通野生大豆：一年生草本，茎细弱，缠绕性强，三小叶顶生卵状披针形，总花序腋生，花冠紫色，荚成熟后为褐色或深褐色。

狭叶野生大豆：一年生草本，其小叶狭窄，披针形或近线形，其他形态与纯种野生大豆一致。

宽叶野生大豆（也称宽叶蔓豆）：一年生草本，叶披针形或者椭圆形，包括茎缠绕和茎丛生两种类型。

二、形态特征

根：广西野生大豆根系较发达，一般主根入土深 20～50 cm，侧根分布于土壤表层，在接近地面的根部着生根瘤。在土壤条件较好的情况下，主根深，侧根长，根瘤多；在土壤条件较差时则反之。

茎：广西野生大豆的茎一般细弱、蔓生、缠绕性强，常缠绕于其他灌丛植物，向上生长，或匍匐地面，茎枝交错互相缠绕。主茎与分枝有的有明显区别，有的无明显区别。

叶：为羽状复叶，具三小叶。叶形以卵圆形、披针形为主，少量为椭圆形和线形。

花：一般为短、中总状花序，但也有较长花序的，为蝶形花，比栽培大豆的花稍小。花色一般为紫色，有深浅之分。在全州县白宝乡也发现了少数白花的野生大豆。

荚：一般比栽培大豆的荚小，长 2.0 cm 左右，宽 0.5 cm 左右；半野生大豆的荚稍大，一般为 2.5 cm × 0.6 cm。荚多呈弯镰形、直筒形，荚褐色、深褐色、黄褐色或灰褐色；极易裂荚，荚皮卷曲。

茸毛：茸毛多棕色，野生大豆的茎、叶、荚上有明显的茸毛，茸毛的稀密、长短在不同个体间有一定的差别。

种子：广西野生大豆种子较小，种皮多为黑色，少数是绿色，多有泥膜，一些大粒类型种皮无泥膜，有的还呈现光泽，种脐多数为黑色。子叶多数为黄色，也有绿色子叶。粒形有长椭圆形、椭圆形等。

第二章
广西野生大豆种质资源普查

第一节　广西野生大豆考察与收集

　　1981—1982 年，广西开展了较为全面的野生大豆种质资源调查考察工作。1981 年以桂林、河池、南宁、梧州、百色 5 个地区为重点考察区，考察范围：北起与湖南省交界的全州县，南至中越边境的龙州、宁明县，东起与广东相邻的贺县（今贺州市），西至与云南、贵州相连的隆林县。全区共考察了 27 个县、135 个公社。1982 年以柳州、梧州、桂林 3 个地区为重点考察区，进一步摸清广西野生大豆分布的南限、垂直分布、新的类型等项，共考察了 25 个县、194 个公社。两年来，全区共考察了 42 个县 1 个市（其中两年都进行了考察的有 10 个县），发现广西的全州、兴安、灌阳、灵川、恭城、荔浦、永福、龙胜、资源、富川、贺县、昭平、三江、融安、鹿寨、象州、南丹等县均有野生大豆分布，分布地理位置为北纬 24°04′～26°07′，东经 107°30′～111°30′，垂直分布海拔 83～890 m。据考察，广西野生大豆分布的最南界是象州县运江公社，其位置是北纬 24°04′，此位置以北大部分县镇均已发现野生大豆。此次考察共收集野生大豆种子 110 份（徐昌等，1982）。考察还发现，广西野生大豆种质资源种类较丰富，有些野生大豆的某些特征与有关文献记载的特征有明显的不同，认为是野生大豆的一种新类型，有一定的研究利用价值。如在灵川采集到的 1 份野生大豆，叶长与叶宽分别为 9.5 cm 和 1.0 cm，小叶的基部宽，顶端尖，呈针状（广西野生大豆考察组，1983）。

　　1992—1994 年对桂西山区的作物种质资源进行综合考察，先后考察了防城、上思、宁明、龙州、上林、隆林、靖西、那坡、乐业、凤山、天峨等 12 个县 100 多个乡镇和 7 个国营农场、林场，在高海拔的隆林和乐业等县发现有野生大豆种质资源分布，共收集野生大豆 2 份（覃初贤等，1996）。

　　2008 年以野生大豆分布较多的桂林地区为重点考察区，再辐射到周边地区，对桂林、柳州、贺州三市的 10 个县（区）30 多个乡镇野生大豆分布情况、生长环境及其变化、种质资源进行了考察。在桂林市的 8 个县（区）（如桂林市雁山区、灵川县、兴安县、全州县、灌阳县、恭城县、荔浦县、平乐县）22 个乡镇均发现有野生大豆分布。其分布范围为：北纬 24°23′～25°91′，东经 110°18′～111°11′，海拔高度为 115～460 m。此次考察发现 3 个新居群，如桂林市雁山区的小河边有大面积的野生大豆分布，并且发现有长总状花序的珍贵野生大豆；平乐县的一条小河及水稻田边有零星的野生大豆分布；荔浦县杜莫镇的一个村庄旁杂草上也有大面积的野生大豆分布。本次考察共收集野生大豆种子 200 份，其中半野生大豆 11 份。在雁山区和灵川县潭下镇收集的材料中有 4 份是长总状花序，其余为短总状花序；荚比栽培大豆荚小，以 3 粒荚为主，个别材料为 1 粒荚和 2 粒荚，呈弯镰形、直筒形，荚在鼓粒前一般为绿色，成熟后为褐色、深褐色、黄褐色或灰褐色；种皮多为黑色，少数是绿色，多有泥膜，一些大粒类型种皮无泥膜，有的还呈现光泽；茸毛多为棕色，少数为灰色，茸毛的长短及稀密，个体间有一定的差别。半野生大豆的形态有两种，一种类型是靠近地面的下部茎较发达并且主茎明显，主茎和分枝的缠绕性近乎消失，种子一般较大，另一种类型形态与典型野生大豆没有大的区别，为茎缠绕生长，所不同的是茎叶比较粗大（曾维英等，2010）。

2015—2021年"第三次全国农作物种质资源普查与收集行动"通过对野生大豆种质资源以前存在的分布点和以前未考察的有可能分布野生大豆的地区进行广泛调查与收集，重点考察了河池市南丹、天峨、乐业等县，柳州市三江、融安、融水、柳城、鹿寨等县，来宾市象州县，桂林市龙胜、资源、全州、兴安、灵川、永福、灌阳、平乐、阳朔、荔浦、恭城等县，贺州市富川、钟山、昭平等县，此次考察发现野生大豆的分布特点和农艺性状都有了变化。如伴随农田基本建设、精耕细作、公路两侧绿化美化、水利设施的完善，野生大豆赖以生存的生态条件也在逐渐"恶化"，野生大豆的原生境已经受到了很大的破坏，生境片段化，致使很多群体已经消失，分布面积减小，很难发现大的群体，野生大豆的生存受到严重威胁。如1981—1982年和1992—1994年考察时在桂西北原来有野生大豆分布的南丹、乐业、三江及桂东北富川县4县搜集不到野生大豆，可能此地的野生大豆已灭绝，而其余县的野生大豆由于受城镇建设、开垦、生态环境等诸多因素的影响，虽未在近年内濒危绝种，但其分布区域、类型、数量、多样性已明显减少，野生大豆资源极易濒危；1981—1982年收集到了白花、双色野生大豆，现在这些珍贵的野生大豆资源已经绝迹。另外，此次考察也发现了一些野生大豆新类型，如在柳州市融安县和桂林市兴安县分别发现1份新型雄性不育野生大豆，在桂林市灵川县发现2份野生大豆明显晚熟，11月上旬还在开花结荚的晚熟型野生大豆，此时其他野生大豆都已经全部落叶；在兴安县发现极端干旱环境的岩石中和山坡上发现了抗旱类型野生大豆，全州县极端干旱环境的砂石中也发现了抗旱早熟类型野生大豆；在融安县发现1份10月没开花结荚卵圆形叶的野生大豆。此次考察共普查到136个野生大豆种质资源居群，补充收集了广西野生大豆种质资源123份。

从4次广西野生大豆种质资源考察中发现，广西野生大豆种质资源优异，种类也较丰富，且分布范围比较广，有一定的研究利用价值。广西4次野外考察，收集整理广西野生大豆种质资源435份，有效地异地保护了广西野生大豆，对未来野生大豆种质资源利用提供了遗传基础保障，为大豆育种和大豆起源演化研究提供了宝贵材料（图2-1至图2-15）。

图 2-1 广西农业科学院陈怀珠研究员在灌阳县考察野生大豆

图 2-2 广西农业科学院陈怀珠研究员和樊吴静博士在兴安县考察野生大豆

图 2-3 广西农业科学院孙祖东研究员在融安县收集野生大豆

图 2-4　广西农业科学院孙祖东研究员在灵川县收集野生大豆

图 2-5　广西农业科学院曾维英副研究员在灵川县收集野生大豆

图 2-6　广西农业科学院孙祖东研究员在全州县收集野生大豆

图 2-7　广西农业科学院曾维英副研究员在兴安县收集野生大豆

图 2-8　在融安县发现新型雄性不育野生大豆

图 2-9　在兴安县发现新型雄性不育野生大豆

图 2-10 线形叶片野生大豆

图 2-11 披针形叶片野生大豆

图 2-12 椭圆形叶片野生大豆

图 2-13　中长总状花序，卵圆形叶片野生大豆

图 2-14　在灵川县发现晚熟野生大豆资源

图 2-15　在融安县发现不开花结荚的野生大豆

第二节　广西野生大豆生境

广西野生大豆一般都生长在河流沿岸，公路两旁，桥头、田地、荒地、池塘、菜园、果园、坡地、山涧水系旁，小灌木丛、村寨附近、房前屋后潮湿向阳的地方，甚至栽培大豆地里也有生长。一般为零星分布和片状分布，少数集中分布；多出现在无石头或石头较少的地方，但在石头较多的地方也能生长；常与杂草、果树、灌丛植物等伴生在一起，对自然环境的适应能力强，生态适应性主要表现在耐湿、耐阴、抗旱、抗病虫等方面（图2-16至图2-31）。

有些野生大豆生长喜湿，生长环境以河流两岸、桥头、田边、水沟边较多，如贺州市盘谷河两岸和永福县洛清江江边的野生大豆，生长在河床边，春夏雨季常被洪水淹没，仍然正常开花结实；昭平县、全州县等地发现有野生大豆生长在河床边和水稻田里，经常被水淹没也仍然正常开花结实；永福县、灌阳县等地也发现有野生大豆常年生长在水稻田边，经常被水淹没也仍然正常开花结实。这些野生大豆具有较强的耐湿性。

有些野生大豆很耐阴，生长在山脚下的背阳处，其枝叶茂盛，生长健壮，还有一些野生大豆生长在小灌木丛中的荫蔽处，说明虽喜光但也耐阴。

有些野生大豆生长在无水源的旱坡、荒地，有的全株茎叶在石头上匍匐生长。如在南丹县、全州县、兴安县等地发现有些野生大豆，在无水源的半坡公路两旁、果园和季节性山沟冲槽两旁仍能正常生长，开花结实，它们具有较强的抗旱性。

1981年在全州县发现在一个已经20多年不用的石灰窑内外均生长着繁茂的野生大豆，测定其土壤pH值达8.5～8.85，这个居群野生大豆资源具有较强的耐碱性。

另外，考察中所见的野生大豆，一般茎叶完整无损，很少有虫害及病斑，考种时也未见虫食粒及病粒。可见野生大豆在野生状态下具有一定的抗病虫性。

图 2-16　江边生长的野生大豆

图 2-17　池塘边生长的野生大豆

图 2-18　水沟边生长的野生大豆

图 2-19　小河流边生长的野生大豆

图 2-20 桥头生长的野生大豆

图 2-21 水稻田边生长的野生大豆

图 2-22 山沟岩石缝里生长的野生大豆

图 2-23　地头杂草里生长的野生大豆

图 2-24　房前屋后杂草丛里生长的野生大豆（1）

图 2-25　房前屋后杂草丛里生长的野生大豆（2）

图 2-26　公路旁生长的野生大豆

图 2-27　栅栏上生长的野生大豆

图 2-28　柑橘伴生野生大豆

图 2-29　杂草伴生野生大豆

图 2-30　小灌木伴生野生大豆（1）

图 2-31　小灌木伴生野生大豆（2）

第三章
广西野生大豆种质资源鉴定

1. 桂野 22-001

【学名】Leguminosae（豆科）Papilionoideae（蝶形花亚科）*Glycine*（大豆属）*Glycine soja* Sieb. et Zucc.（野生大豆）

【采集地】广西壮族自治区桂林市灵川县。

【类型】普通野生大豆，一年生草本。

【主要特征特性】无限型结荚习性，蔓生，主茎明显。生育期4月中旬至10月中旬，花期8月下旬至9月下旬，花浅紫色、短花序，茸毛棕色、紧贴、密度稀，叶卵圆形，叶长4.8 cm、叶宽1.5 cm，荚褐色、弯镰形，荚长1.86 cm、宽0.36 cm，种皮黑色（黑褐）、有泥膜，种脐黑色，籽粒长椭圆形、无光泽，子叶黄色，百粒重约为0.70 g，籽粒蛋白质含量为48.85%、脂肪含量为14.30%，为高蛋白种质资源。田间表现为高抗花叶病毒、高抗霜霉病，抗虫。

【利用价值】可用于饲料、绿肥，作大豆起源和演化研究，或作高蛋白育种亲本。

2. 桂野 22-002

【学名】Leguminosae（豆科）Papilionoideae（蝶形花亚科）*Glycine*（大豆属）*Glycine soja* Sieb. et Zucc.（野生大豆）

【采集地】广西壮族自治区桂林市灌阳县。

【类型】普通野生大豆，一年生草本。

【主要特征特性】无限型结荚习性，蔓生，主茎明显。生育期 4 月中旬至 10 月下旬，花期 8 月下旬至 10 月上旬，花浅紫色、短花序，茸毛棕色、紧贴、密度中等，叶卵圆形，叶长 6.2 cm、叶宽 2.5 cm，荚深褐色、弯镰形，荚长 2.00 cm、宽 0.44 cm，种皮黑色、有泥膜，种脐黑色，籽粒长椭圆形、无光泽，子叶黄色，百粒重约为 0.69 g，籽粒蛋白质含量为 48.43%、脂肪含量为 14.10%，为高蛋白种质资源。田间表现为高抗花叶病毒病。

【利用价值】可用于饲料、绿肥，作大豆起源和演化研究，或作育种亲本。

3. 桂野 22-003

【学名】Leguminosae（豆科）Papilionoideae（蝶形花亚科）*Glycine*（大豆属）*Glycine soja* Sieb. et Zucc.（野生大豆）

【采集地】广西壮族自治区桂林市灌阳县。

【类型】普通野生大豆，一年生草本。

【主要特征特性】无限型结荚习性，蔓生，主茎明显。生育期4月中旬至10月下旬，花期8月下旬至10月上旬，花浅紫色、中花序，茸毛棕色、紧贴、密度密，叶卵圆形，叶长5.2 cm、叶宽2.1 cm，荚褐色、直形，荚长1.73 cm、宽0.41 cm，种皮黑色（黑褐）、有泥膜，种脐黑色，籽粒椭圆形、无光泽，子叶黄色，百粒重约为0.79g，籽粒蛋白质含量为48.68%、脂肪含量为13.08%，为高蛋白种质资源。田间表现为抗虫。

【利用价值】可用于饲料、绿肥，作大豆起源和演化研究，或作育种亲本。

4. 桂野 22-004

【学名】Leguminosae（豆科）Papilionoideae（蝶形花亚科）*Glycine*（大豆属）
Glycine soja Sieb. et Zucc.（野生大豆）

【采集地】广西壮族自治区桂林市灌阳县。

【类型】普通野生大豆，一年生草本。

【主要特征特性】无限型结荚习性，蔓生，主茎明显。生育期 4 月中旬至 10 月下旬，花期 9 月上旬至 10 月上旬，花浅紫色、中花序，茸毛棕色、紧贴、密度稀，叶卵圆形，叶长 5.6 cm、叶宽 2.5 cm，荚深褐色、弯镰形，荚长 1.98cm、宽 0.43 cm，种皮黑色（黑斑）、有泥膜，种脐黑色，籽粒长椭圆形、无光泽，子叶黄色，百粒重约为 0.92 g，籽粒蛋白质含量为 49.37%、脂肪含量为 13.25%，为高蛋白种质资源。田间表现为高抗霜霉病，抗虫。

【利用价值】可用于饲料、绿肥，作大豆起源和演化研究，或作育种亲本。

5. 桂野 22-005

【学名】Leguminosae（豆科）Papilionoideae（蝶形花亚科）*Glycine*（大豆属）*Glycine soja* Sieb. et Zucc.（野生大豆）

【采集地】广西壮族自治区桂林市灌阳县。

【类型】普通野生大豆，一年生草本。

【主要特征特性】无限型结荚习性，蔓生，主茎明显。生育期4月中旬至10月中旬，花期8月中旬至10月上旬，花浅紫色、短花序，茸毛棕色、紧贴、密度稀，叶卵圆形，叶长 6.0 cm、叶宽 2.7 cm，荚褐色、弯镰形，荚长 1.63 cm、宽 0.32 cm，种皮黑色、有泥膜，种脐黑色，籽粒长椭圆形、无光泽，子叶黄色，百粒重约为 0.84 g，籽粒蛋白质含量为 46.48%、脂肪含量为 14.10%，为高蛋白种质资源。田间表现为高抗花叶病毒、高抗霜霉病。

【利用价值】可用于饲料、绿肥，作大豆起源和演化研究，或作育种亲本。

6. 桂野 22-006

【学名】Leguminosae（豆科）Papilionoideae（蝶形花亚科）*Glycine*（大豆属）*Glycine soja* Sieb. et Zucc.（野生大豆）

【采集地】广西壮族自治区桂林市灌阳县。

【类型】普通野生大豆，一年生草本。

【主要特征特性】无限型结荚习性，蔓生，主茎明显。生育期 4 月中旬至 10 月中旬，花期 8 月中旬至 10 月上旬，花浅紫色、短花序，茸毛棕色、紧贴、密度稀，叶卵圆形，叶长 6.3 cm、叶宽 2.7 cm，荚褐色、弯镰形，荚长 1.79 cm、宽 0.33 cm，种皮黑色、有泥膜，种脐黑色，籽粒长椭圆形、无光泽，子叶黄色，百粒重约为 0.73 g，籽粒蛋白质含量为 51.58%、脂肪含量为 12.81%，为高蛋白种质资源。田间表现为高抗花叶病毒、高抗霜霉病，抗虫。

【利用价值】可用于饲料、绿肥，作大豆起源和演化研究，或作育种亲本。

7. 桂野 22-007

【学名】Leguminosae（豆科）Papilionoideae（蝶形花亚科）*Glycine*（大豆属）*Glycine soja* Sieb. et Zucc.（野生大豆）

【采集地】广西壮族自治区桂林市灌阳县。

【类型】普通野生大豆，一年生草本。

【主要特征特性】无限型结荚习性，蔓生，主茎明显。生育期4月中旬至10月下旬，花期8月中旬至10月上旬，花浅紫色、短花序，茸毛棕色、倾斜、密度中等，叶卵圆形，叶长6.3 cm、叶宽2.8 cm，荚褐色、弯镰形，荚长1.78 cm、宽0.37 cm，种皮黑色、有泥膜，种脐黑色，籽粒长椭圆形、无光泽，子叶黄色，百粒重约为0.91 g，籽粒蛋白质含量为50.74%、脂肪含量为11.69%，为高蛋白种质资源。田间表现为高抗霜霉病。

【利用价值】可用于饲料、绿肥，作大豆起源和演化研究，或作育种亲本。

8. 桂野 22-008

【学名】Leguminosae（豆科）Papilionoideae（蝶形花亚科）*Glycine*（大豆属）*Glycine soja* Sieb. et Zucc.（野生大豆）

【采集地】广西壮族自治区桂林市灌阳县。

【类型】普通野生大豆，一年生草本。

【主要特征特性】无限型结荚习性，蔓生，主茎明显。生育期 4 月中旬至 10 月中旬，花期 8 月中旬至 10 月上旬，花浅紫色、中花序，茸毛棕色、紧贴、密度稀，叶卵圆形，叶长 6.5 cm、叶宽 3.6 cm，荚褐色、弯镰形，荚长 1.92 cm、宽 0.46 cm，种皮黑色、有泥膜，种脐黑色，籽粒长椭圆形、无光泽，子叶黄色，百粒重约为 0.99 g，籽粒蛋白质含量为 47.58%、脂肪含量为 15.95%，为高蛋白种质资源。田间表现为高抗花叶病毒、高抗霜霉病，抗虫。

【利用价值】可用于饲料、绿肥，作大豆起源和演化研究，或作育种亲本。

9. 桂野 22-009

【学名】Leguminosae（豆科）Papilionoideae（蝶形花亚科）*Glycine*（大豆属）*Glycine soja* Sieb. et Zucc.（野生大豆）

【采集地】广西壮族自治区桂林市灌阳县。

【类型】普通野生大豆，一年生草本。

【主要特征特性】无限型结荚习性，蔓生，主茎明显。生育期4月中旬至10月中旬，花期8月中旬至10月上旬，花浅紫色、短花序，茸毛棕色、紧贴、密度稀，叶披针形，叶长6.6 cm、叶宽2.1 cm，荚褐色、弯镰形，荚长1.92 cm、宽0.42 cm，种皮黑色、有泥膜，种脐黑色，籽粒长椭圆形、无光泽，子叶黄色，百粒重约为0.76 g，籽粒蛋白质含量为48.90%、脂肪含量为15.50%，为高蛋白种质资源。田间表现为高抗花叶病毒病，抗虫。

【利用价值】可用于饲料、绿肥，作大豆起源和演化研究，或作育种亲本。

10. 桂野 22-010

【学名】Leguminosae（豆科）Papilionoideae（蝶形花亚科）*Glycine*（大豆属）*Glycine soja* Sieb. et Zucc.（野生大豆）

【采集地】广西壮族自治区桂林市兴安县。

【类型】普通野生大豆，一年生草本。

【主要特征特性】无限型结荚习性，蔓生，主茎明显。生育期4月中旬至10月中旬，花期8月下旬至10月上旬，花浅紫色、短花序，茸毛棕色、紧贴、密度稀，叶卵圆形，叶长4.4 cm、叶宽2.2 cm，荚黄褐色、直形，荚长1.84 cm、宽0.41 cm，种皮黑色、有泥膜，种脐黑色，籽粒长椭圆形、无光泽，子叶黄色，百粒重约为1.08 g，籽粒蛋白质含量为50.15%、脂肪含量为13.39%，为高蛋白种质资源。

【利用价值】可用于饲料、绿肥，作大豆起源和演化研究，或作育种亲本。

11. 桂野 22-011

【学名】Leguminosae（豆科）Papilionoideae（蝶形花亚科）*Glycine*（大豆属）*Glycine soja* Sieb. et Zucc.（野生大豆）

【采集地】广西壮族自治区桂林市兴安县。

【类型】普通野生大豆，一年生草本。

【主要特征特性】无限型结荚习性，蔓生，主茎明显。生育期4月中旬至10月中旬，花期8月中旬至10月上旬，花紫色、短花序，茸毛棕色、紧贴、密度稀，叶卵圆形，叶长4.3 cm、叶宽2.0 cm，荚深褐色、弯镰形，荚长2.23 cm、宽0.45 cm，种皮黑色、有泥膜，种脐黑色，籽粒长椭圆形、无光泽，子叶黄色，百粒重约为0.94 g，籽粒蛋白质含量为48.79%、脂肪含量为14.67%，为高蛋白种质资源。田间表现为高抗霜霉病，抗虫。

【利用价值】可用于饲料、绿肥，作大豆起源和演化研究，或作育种亲本。

12. 桂野 22-012

【学名】Leguminosae（豆科）Papilionoideae（蝶形花亚科）*Glycine*（大豆属）*Glycine soja* Sieb. et Zucc.（野生大豆）

【采集地】广西壮族自治区桂林市兴安县。

【类型】普通野生大豆，一年生草本。

【主要特征特性】无限型结荚习性，蔓生，主茎明显。生育期4月中旬至10月中旬，花期8月上旬至9月下旬，花紫色、短花序，茸毛棕色、紧贴、密度稀，叶卵圆形，叶长5.8 cm、叶宽2.2 cm，荚深褐色、弯镰形，荚长1.99 cm、宽0.41 cm，种皮黑色（黑斑）、有泥膜，种脐黑色，籽粒长椭圆形、无光泽，子叶黄色，百粒重约为1.15 g，籽粒蛋白质含量为50.21%、脂肪含量为13.87%，为高蛋白种质资源。田间表现为高抗霜霉病，抗虫。

【利用价值】可用于饲料、绿肥，作大豆起源和演化研究，或作育种亲本。

13. 桂野 22-013

【学名】Leguminosae（豆科）Papilionoideae（蝶形花亚科）*Glycine*（大豆属）
Glycine soja Sieb. et Zucc.（野生大豆）

【采集地】广西壮族自治区桂林市兴安县。

【类型】普通野生大豆，一年生草本。

【主要特征特性】无限型结荚习性，蔓生，主茎明显。生育期 4 月中旬至 10 月中旬，花期 8 月中旬至 10 月上旬，花浅紫色、短花序，茸毛棕色、紧贴、密度稀，叶卵圆形，叶长 5.5 cm、叶宽 2.6 cm，荚褐色、弯镰形，荚长 1.96 cm、宽 0.44 cm，种皮黑色、有泥膜，种脐黑色，籽粒长椭圆形、无光泽，子叶黄色，百粒重约为 1.12 g，籽粒蛋白质含量为 49.32%、脂肪含量为 13.44%，为高蛋白种质资源。田间表现为高抗花叶病毒、高抗霜霉病，抗虫。

【利用价值】可用于饲料、绿肥，作大豆起源和演化研究，或作育种亲本。

14. 桂野 22-014

【学名】Leguminosae（豆科）Papilionoideae（蝶形花亚科）*Glycine*（大豆属）*Glycine soja* Sieb. et Zucc.（野生大豆）

【采集地】广西壮族自治区桂林市兴安县。

【类型】普通野生大豆，一年生草本。

【主要特征特性】无限型结荚习性，蔓生，主茎明显。生育期 4 月中旬至 10 月中旬，花期 8 月中旬至 10 月上旬，花紫色、短花序，茸毛棕色、紧贴、密度稀，叶椭圆形，叶长 4.2 cm、叶宽 1.7 cm，荚褐色、弯镰形，荚长 2.07 cm、宽 0.41 cm，种皮黑色、有泥膜，种脐黑色，籽粒长椭圆形、无光泽，子叶黄色，百粒重约为 1.10 g，籽粒蛋白质含量为 48.82%、脂肪含量为 14.39%，为高蛋白种质资源。田间表现为高抗霜霉病，抗虫。

【利用价值】可用于饲料、绿肥，作大豆起源和演化研究，或作育种亲本。

15. 桂野 22-015

【学名】Leguminosae（豆科）Papilionoideae（蝶形花亚科）*Glycine*（大豆属）*Glycine soja* Sieb. et Zucc.（野生大豆）

【采集地】广西壮族自治区桂林市兴安县。

【类型】普通野生大豆，一年生草本。

【主要特征特性】无限型结荚习性，蔓生，主茎明显。生育期4月中旬至10月中旬，花期8月中旬至10月上旬，花浅紫色、中花序，茸毛棕色、紧贴、密度稀，叶椭圆形，叶长4.7 cm、叶宽2.3 cm，荚深褐色、弯镰形，荚长2.07 cm、宽0.42 cm，种皮黑色、有泥膜，种脐褐色，籽粒长椭圆形、无光泽，子叶黄色，百粒重约为1.14 g，籽粒蛋白质含量为50.36%、脂肪含量为13.59%，为高蛋白种质资源。田间表现为高抗花叶病毒病。

【利用价值】可用于饲料、绿肥，作大豆起源和演化研究，或作育种亲本。

16. 桂野 22-016

【学名】Leguminosae（豆科）Papilionoideae（蝶形花亚科）*Glycine*（大豆属）*Glycine soja* Sieb. et Zucc.（野生大豆）

【采集地】广西壮族自治区桂林市兴安县。

【类型】普通野生大豆，一年生草本。

【主要特征特性】无限型结荚习性，蔓生，主茎明显。生育期4月中旬至10月中旬，花期8月中旬至10月上旬，花浅紫色、中花序，茸毛棕色、紧贴、密度稀，叶卵圆形，叶长4.3 cm、叶宽2.0 cm，荚灰褐色、弯镰形，荚长1.96 cm、宽0.38 cm，种皮黑色、有泥膜，种脐黑色，籽粒长椭圆形、无光泽，子叶黄色，百粒重约为1.14 g，籽粒蛋白质含量为50.51%、脂肪含量为13.53%，为高蛋白种质资源。田间表现为高抗霜霉病，抗虫。

【利用价值】可用于饲料、绿肥，作大豆起源和演化研究，或作育种亲本。

17. 桂野 22-017

【学名】Leguminosae（豆科）Papilionoideae（蝶形花亚科）*Glycine*（大豆属）*Glycine soja* Sieb. et Zucc.（野生大豆）

【采集地】广西壮族自治区桂林市兴安县。

【类型】普通野生大豆，一年生草本。

【主要特征特性】无限型结荚习性，蔓生，主茎明显。生育期4月中旬至10月中旬，花期8月中旬至10月上旬，花浅紫色、短花序，茸毛棕色、紧贴、密度稀，叶卵圆形，叶长4.3 cm、叶宽1.6 cm，荚褐色、弯镰形，荚长1.87 cm、宽0.43 cm，种皮黑色、有泥膜，种脐黑色，籽粒长椭圆形、无光泽，子叶黄色，百粒重约0.78 g，籽粒蛋白质含量为50.79%、脂肪含量为13.92%，为高蛋白种质资源。田间表现为高抗花叶病毒、高抗霜霉病。

【利用价值】可用于饲料、绿肥，作大豆起源和演化研究，或作育种亲本。

18. 桂野 22-018

【学名】Leguminosae（豆科）Papilionoideae（蝶形花亚科）*Glycine*（大豆属）*Glycine soja* Sieb. et Zucc.（野生大豆）

【采集地】广西壮族自治区桂林市兴安县。

【类型】普通野生大豆，一年生草本。

【主要特征特性】无限型结荚习性，蔓生，主茎明显。生育期4月中旬至10月中旬，花期7月下旬至9月下旬，花浅紫色、短花序，茸毛棕色、直立、密度密，叶卵圆形，叶长8.8 cm、叶宽4.8 cm，荚褐色、弯镰形，荚长2.70 cm、宽0.71 cm，种皮黑色（黑花）、有泥膜，种脐黑色，籽粒椭圆形、无光泽，子叶黄色，百粒重约为7.24 g，籽粒蛋白质含量为46.12%、脂肪含量为17.18%，为高蛋白种质资源。田间表现为高抗霜霉病，抗虫。

【利用价值】可用于饲料、绿肥，作大豆起源和演化研究，或作育种亲本。

19. 桂野 22-019

【学名】Leguminosae（豆科）Papilionoideae（蝶形花亚科）Glycine（大豆属）Glycine soja Sieb. et Zucc.（野生大豆）

【采集地】广西壮族自治区桂林市兴安县。

【类型】普通野生大豆，一年生草本。

【主要特征特性】无限型结荚习性，蔓生，主茎明显。生育期4月中旬至10月中旬，花期8月中旬至10月上旬，花浅紫色、短花序，茸毛棕色、紧贴、密度稀，叶披针形，叶长9.4 cm、叶宽3.6 cm，荚褐色、弯镰形，荚长3.00 cm、宽0.65 cm，种皮绿色、有泥膜，种脐黑色，籽粒椭圆形、无光泽，子叶黄色，百粒重约为4.77 g，籽粒蛋白质含量为46.68%、脂肪含量为16.17%，为高蛋白种质资源。田间表现高抗霜霉病。

【利用价值】可用于饲料、绿肥，作大豆起源和演化研究，或作育种亲本。

20. 桂野 22-020

【学名】Leguminosae（豆科）Papilionoideae（蝶形花亚科）*Glycine*（大豆属）*Glycine soja* Sieb. et Zucc.（野生大豆）

【采集地】广西壮族自治区桂林市兴安县。

【类型】普通野生大豆，一年生草本。

【主要特征特性】无限型结荚习性，蔓生，主茎明显。生育期4月中旬至10月中旬，花期8月中旬至10月上旬，花浅紫色、短花序，茸毛棕色、紧贴、密度稀，叶卵圆形，叶长5.1 cm、叶宽2.2 cm，荚褐色、弯镰形，荚长1.96 cm、宽0.42 cm，种皮黑色（黑褐）、有泥膜，种脐黑色，籽粒长椭圆形、无光泽，子叶黄色，百粒重约为1.00 g，籽粒蛋白质含量为49.91%、脂肪含量为13.41%，为高蛋白种质资源。田间表现高抗霜霉病，抗虫。

【利用价值】可用于饲料、绿肥，作大豆起源和演化研究，或作育种亲本。

21. 桂野 22-021

【学名】Leguminosae（豆科）Papilionoideae（蝶形花亚科）*Glycine*（大豆属）*Glycine soja* Sieb. et Zucc.（野生大豆）

【采集地】广西壮族自治区桂林市兴安县。

【类型】普通野生大豆，一年生草本。

【主要特征特性】无限型结荚习性，蔓生，主茎明显。生育期4月中旬至10月中旬，花期8月上旬至10月上旬，花浅紫色、中花序，茸毛棕色、紧贴、密度稀，叶卵圆形，叶长8.3 cm、叶宽3.7 cm，荚褐色、弯镰形，荚长3.49 cm、宽0.74 cm，种皮黑色、有泥膜，种脐黑色，籽粒长椭圆形、无光泽，子叶黄色，百粒重约为3.86 g，籽粒蛋白质含量为46.12%、脂肪含量为16.07%，为高蛋白种质资源。田间表现为高抗霜霉病。

【利用价值】可用于饲料、绿肥，作大豆起源和演化研究，或作育种亲本。

22. 桂野 22-022

【学名】Leguminosae（豆科）Papilionoideae（蝶形花亚科）*Glycine*（大豆属）*Glycine soja* Sieb. et Zucc.（野生大豆）

【采集地】广西壮族自治区桂林市兴安县。

【类型】普通野生大豆，一年生草本。

【主要特征特性】无限型结荚习性，蔓生，主茎明显。生育期4月中旬至10月中旬，花期8月上旬至10月上旬，花深紫色、短花序，茸毛棕色、紧贴、密度稀，叶披针形，叶长4.6 cm、叶宽1.6 cm，荚褐色、弯镰形，荚长1.80 cm、宽0.32 cm，种皮黑色（黑花）、有泥膜，种脐黑色，籽粒长椭圆形、无光泽，子叶黄色，百粒重约为0.70 g，籽粒蛋白质含量为46.68%、脂肪含量为16.07%，为高蛋白种质资源。田间表现为高抗花叶病毒、高抗霜霉病。

【利用价值】可用于饲料、绿肥，作大豆起源和演化研究，或作育种亲本。

23. 桂野 22-023

【学名】Leguminosae（豆科）Papilionoideae（蝶形花亚科）*Glycine*（大豆属）*Glycine soja* Sieb. et Zucc.（野生大豆）

【采集地】广西壮族自治区桂林市兴安县。

【类型】普通野生大豆，一年生草本。

【主要特征特性】无限型结荚习性，蔓生，主茎明显。生育期 4 月中旬至 10 月中旬，花期 7 月下旬至 9 月下旬，花浅紫色、短花序，茸毛棕色、紧贴、密度稀，叶卵圆形，叶长 5.5 cm、叶宽 2.3 cm，荚褐色、弯镰形，荚长 1.56 cm、宽 0.29 cm，种皮黑色（黑花）、有泥膜，种脐黑色，籽粒长椭圆形、无光泽，子叶黄色，百粒重约为 0.70 g，籽粒蛋白质含量为 48.03%、脂肪含量为 14.90%，为高蛋白种质资源。田间表现为高抗花叶病毒、高抗霜霉病，抗虫。

【利用价值】可用于饲料、绿肥，作大豆起源和演化研究，或作育种亲本。

24. 桂野 22-024

【学名】Leguminosae（豆科）Papilionoideae（蝶形花亚科）*Glycine*（大豆属）*Glycine soja* Sieb. et Zucc.（野生大豆）

【采集地】广西壮族自治区桂林市兴安县。

【类型】普通野生大豆，一年生草本。

【主要特征特性】无限型结荚习性，蔓生，主茎明显。生育期 4 月中旬至 10 月中旬，花期 7 月下旬至 9 月下旬，花深紫色、中花序，茸毛棕色、紧贴、密度稀，叶卵圆形，叶长 6.0 cm、叶宽 2.3 cm，荚褐色、弯镰形，荚长 1.83 cm、宽 0.42 cm，种皮黑色、有泥膜，种脐黑色，籽粒长椭圆形、无光泽，子叶黄色，百粒重约为 0.77 g，籽粒蛋白质含量为 49.55%、脂肪含量为 13.33%，为高蛋白种质资源。田间表现为高抗霜霉病。

【利用价值】可用于饲料、绿肥，作大豆起源和演化研究，或作育种亲本。

25. 桂野 22-025

【学名】Leguminosae（豆科）Papilionoideae（蝶形花亚科）*Glycine*（大豆属）*Glycine soja* Sieb. et Zucc.（野生大豆）

【采集地】广西壮族自治区桂林市兴安县。

【类型】普通野生大豆，一年生草本。

【主要特征特性】无限型结荚习性，蔓生，主茎明显。生育期4月中旬至10月中旬，花期8月中旬至10月上旬，花浅紫色、短花序，茸毛棕色、紧贴、密度稀，叶卵圆形，叶长5.1 cm、叶宽2.0 cm，荚褐色、弯镰形，荚长2.00 cm、宽0.39 cm，种皮黑色（黑斑）、有泥膜，种脐黑色，籽粒长椭圆形、无光泽，子叶黄色，百粒重约为0.89 g，籽粒蛋白质含量为48.87%、脂肪含量为13.61%，为高蛋白种质资源。田间表现为高抗花叶病毒、高抗霜霉病。

【利用价值】可用于饲料、绿肥，作大豆起源和演化研究，或作育种亲本。

26. 桂野 22-026

【学名】Leguminosae（豆科）Papilionoideae（蝶形花亚科）*Glycine*（大豆属）*Glycine soja* Sieb. et Zucc.（野生大豆）

【采集地】广西壮族自治区桂林市兴安县。

【类型】普通野生大豆，一年生草本。

【主要特征特性】无限型结荚习性，蔓生，主茎明显。生育期4月中旬至10月中旬，花期8月中旬至10月上旬，花紫色、短花序，茸毛棕色、紧贴、密度稀，叶卵圆形，叶长4.5 cm、叶宽2.2 cm，荚褐色、弯镰形，荚长2.05 cm、宽0.43 cm，种皮黑色、有泥膜，种脐黑色，籽粒长椭圆形、无光泽，子叶黄色，百粒重约为1.01 g，籽粒蛋白质含量为50.19%、脂肪含量为13.77%，为高蛋白种质资源。田间表现为高抗花叶病毒、高抗霜霉病。

【利用价值】可用于饲料、绿肥，作大豆起源和演化研究，或作育种亲本。

27. 桂野 22-027

【学名】Leguminosae（豆科）Papilionoideae（蝶形花亚科）*Glycine*（大豆属）*Glycine soja* Sieb. et Zucc.（野生大豆）

【采集地】广西壮族自治区桂林市兴安县。

【类型】普通野生大豆，一年生草本。

【主要特征特性】无限型结荚习性，蔓生，主茎明显。生育期 4 月中旬至 10 月中旬，花期 8 月中旬至 10 月上旬，花紫色、短花序，茸毛棕色、紧贴、密度稀，叶卵圆形，叶长 4.5 cm、叶宽 1.8 cm，荚深褐色、弯镰形，荚长 1.95 cm、宽 0.38 cm，种皮黑色（黑斑）、有泥膜，种脐黑色，籽粒椭圆形、无光泽，子叶黄色，百粒重约为 1.19 g，籽粒蛋白质含量为 45.59%、脂肪含量为 15.83%，为高蛋白种质资源。田间表现为高抗花叶病毒、高抗霜霉病。

【利用价值】可用于饲料、绿肥，作大豆起源和演化研究，或作育种亲本。

28. 桂野 22-028

【学名】Leguminosae（豆科）Papilionoideae（蝶形花亚科）*Glycine*（大豆属）*Glycine soja* Sieb. et Zucc.（野生大豆）

【采集地】广西壮族自治区桂林市兴安县。

【类型】普通野生大豆，一年生草本。

【主要特征特性】无限型结荚习性，蔓生，主茎明显。生育期 4 月中旬至 10 月中旬，花期 8 月下旬至 10 月上旬，花浅紫色、短花序，茸毛棕色、紧贴、密度稀，叶卵圆形，叶长 3.3 cm、叶宽 1.4 cm，荚褐色、弯镰形，荚长 1.94 cm、宽 0.40 cm，种皮黑色、有泥膜，种脐黑色，籽粒长椭圆形、无光泽，子叶黄色，百粒重约为 1.00 g，籽粒蛋白质含量为 48.24%、脂肪含量为 14.39%，为高蛋白种质资源。田间表现为高抗花叶病毒、高抗霜霉病。

【利用价值】可用于饲料、绿肥，作大豆起源和演化研究，或作育种亲本。

29. 桂野 22-029

【学名】Leguminosae（豆科）Papilionoideae（蝶形花亚科）*Glycine*（大豆属）*Glycine soja* Sieb. et Zucc.（野生大豆）

【采集地】广西壮族自治区桂林市兴安县。

【类型】普通野生大豆，一年生草本。

【主要特征特性】无限型结荚习性，蔓生，主茎明显。生育期4月中旬至10月中旬，花期8月下旬至10月上旬，花浅紫色、中花序，茸毛棕色、紧贴、密度稀，叶卵圆形，叶长5.0 cm、叶宽2.2 cm，荚深褐色、弯镰形，荚长2.23 cm、宽0.44 cm，种皮黑色、有泥膜，种脐黑色，籽粒长椭圆形、无光泽，子叶黄色，百粒重约为1.69 g，籽粒蛋白质含量为48.30%、脂肪含量为15.32%，为高蛋白种质资源。田间表现为高抗花叶病毒、高抗霜霉病。

【利用价值】可用于饲料、绿肥，作大豆起源和演化研究，或作育种亲本。

30. 桂野 22-030

【学名】Leguminosae（豆科）Papilionoideae（蝶形花亚科）*Glycine*（大豆属）*Glycine soja* Sieb. et Zucc.（野生大豆）

【采集地】广西壮族自治区桂林市兴安县。

【类型】普通野生大豆，一年生草本。

【主要特征特性】无限型结荚习性，蔓生，主茎明显。生育期 4 月中旬至 10 月中旬，花期 8 月下旬至 10 月上旬，花浅紫色、短花序，茸毛棕色、紧贴、密度稀，叶卵圆形，叶长 4.3 cm、叶宽 1.7 cm，荚褐色、弯镰形，荚长 2.25 cm、宽 0.42 cm，种皮黑色（黑褐）、有泥膜，种脐黑色，籽粒椭圆形、无光泽，子叶黄色，百粒重约为1.69 g，籽粒蛋白质含量为 44.82%、脂肪含量为 17.14%。田间表现为高抗花叶病毒病。

【利用价值】可用于饲料、绿肥，作大豆起源和演化研究，或作育种亲本。

31. 桂野 22-031

【学名】Leguminosae（豆科）Papilionoideae（蝶形花亚科）*Glycine*（大豆属）*Glycine soja* Sieb. et Zucc.（野生大豆）

【采集地】广西壮族自治区桂林市兴安县。

【类型】普通野生大豆，一年生草本。

【主要特征特性】无限型结荚习性，蔓生，主茎明显。生育期4月中旬至10月中旬，花期8月中旬至10月上旬，花浅紫色、短花序，茸毛棕色、紧贴、密度稀，叶卵圆形，叶长5.4 cm、叶宽2.6 cm，荚深褐色、弯镰形，荚长2.05 cm、宽0.43 cm，种皮黑色（黑花）、有泥膜，种脐黑色，籽粒椭圆形、无光泽，子叶黄色，百粒重约为1.53 g，籽粒蛋白质含量为50.37%、脂肪含量为13.61%，为高蛋白种质资源。田间表现为高抗霜霉病。

【利用价值】可用于饲料、绿肥，作大豆起源和演化研究，或作育种亲本。

32. 桂野 22-032

【学名】Leguminosae（豆科）Papilionoideae（蝶形花亚科）*Glycine*（大豆属）*Glycine soja* Sieb. et Zucc.（野生大豆）

【采集地】广西壮族自治区桂林市兴安县。

【类型】普通野生大豆，一年生草本。

【主要特征特性】无限型结荚习性，蔓生，主茎明显。生育期4月中旬至10月中旬，花期8月中旬至10月上旬，花紫色、短花序，茸毛棕色、紧贴、密度稀，叶卵圆形，叶长4.6 cm、叶宽2.0 cm，荚褐色、弯镰形，荚长1.89 cm、宽0.36 cm，种皮黑色（黑花）、有泥膜，种脐黑色，籽粒长椭圆形、无光泽，子叶黄色，百粒重约为1.22 g，籽粒蛋白质含量为50.59%、脂肪含量为13.81%，为高蛋白种质资源。田间表现为高抗花叶病毒、高抗霜霉病，抗虫。

【利用价值】可用于饲料、绿肥，作大豆起源和演化研究，或作育种亲本。

33. 桂野 22-033

【学名】Leguminosae（豆科）Papilionoideae（蝶形花亚科）*Glycine*（大豆属）*Glycine soja* Sieb. et Zucc.（野生大豆）

【采集地】广西壮族自治区桂林市兴安县。

【类型】宽叶野生大豆，一年生草本。

【主要特征特性】无限型结荚习性，蔓生，主茎明显。生育期4月中旬至10月中旬，花期8月上旬至9月下旬，花紫色、短花序，茸毛棕色、紧贴、密度稀，叶卵圆形，叶长7.8 cm、叶宽3.5 cm，荚褐色、弯镰形，荚长2.10 cm、宽0.54 cm，种皮黑色（黑褐）、有泥膜，种脐黑色，籽粒长椭圆形、无光泽，子叶黄色，百粒重约为3.17 g，籽粒蛋白质含量为48.30%、脂肪含量为16.66%，为高蛋白种质资源。田间表现为高抗霜霉病，抗虫。

【利用价值】可用于饲料、绿肥，作大豆起源和演化研究，或作育种亲本。

34. 桂野 22-034

【学名】Leguminosae（豆科）Papilionoideae（蝶形花亚科）*Glycine*（大豆属）*Glycine soja* Sieb. et Zucc.（野生大豆）

【采集地】广西壮族自治区桂林市兴安县。

【类型】普通野生大豆，一年生草本。

【主要特征特性】无限型结荚习性，蔓生，主茎明显。生育期 4 月中旬至 10 月中旬，花期 8 月中旬至 10 月下旬，花紫色、短花序，茸毛棕色、紧贴、密度稀，叶卵圆形，叶长 5.4 cm、叶宽 2.8 cm，荚深褐色、弯镰形，荚长 1.81 cm、宽 0.43 cm，种皮黑色、无泥膜，种脐黑色，籽粒长椭圆形、无光泽，子叶黄色，百粒重约为 0.97 g，籽粒蛋白质含量为 49.15%、脂肪含量为 13.54%，为高蛋白种质资源。田间表现为高抗花叶病毒、高抗霜霉病。

【利用价值】可用于饲料、绿肥，作大豆起源和演化研究，或作育种亲本。

35. 桂野 22-035

【学名】Leguminosae（豆科）Papilionoideae（蝶形花亚科）*Glycine*（大豆属）*Glycine soja* Sieb. et Zucc.（野生大豆）

【采集地】广西壮族自治区桂林市兴安县。

【类型】普通野生大豆，一年生草本。

【主要特征特性】无限型结荚习性，蔓生，主茎明显。生育期4月中旬至10月中旬，花期8月上旬至9月下旬，花浅紫色、短花序，茸毛棕色、紧贴、密度稀，叶披针形，叶长 5.9 cm、叶宽 2.4 cm，荚褐色、弯镰形，荚长 2.06 cm、宽 0.46 cm，种皮黑色、有泥膜，种脐黑色，籽粒长椭圆形、无光泽，子叶黄色，百粒重约为 1.25 g，籽粒蛋白质含量为 50.16%、脂肪含量为 13.82%，为高蛋白种质资源。田间表现为高抗花叶病毒、高抗霜霉病。

【利用价值】可用于饲料、绿肥，作大豆起源和演化研究，或作育种亲本。

36. 桂野 22-036

【学名】Leguminosae（豆科）Papilionoideae（蝶形花亚科）*Glycine*（大豆属）
Glycine soja Sieb. et Zucc.（野生大豆）

【采集地】广西壮族自治区桂林市兴安县。

【类型】普通野生大豆，一年生草本。

【主要特征特性】无限型结荚习性，蔓生，主茎明显。生育期 4 月中旬至 10 月中旬，花期 8 月中旬至 10 月上旬，花浅紫色、短花序，茸毛棕色、紧贴、密度稀，叶卵圆形，叶长 8.5 cm、叶宽 4.8 cm，荚褐色、弯镰形，荚长 2.01 cm、宽 0.42 cm，种皮黑色、有泥膜，种脐黑色，籽粒长椭圆形、无光泽，子叶黄色，百粒重约为 2.34 g，籽粒蛋白质含量为 50.04%、脂肪含量为 15.23%，为高蛋白种质资源。田间表现为高抗霜霉病。

【利用价值】可用于饲料、绿肥，作大豆起源和演化研究，或作育种亲本。

37. 桂野 22-037

【学名】Leguminosae（豆科）Papilionoideae（蝶形花亚科）*Glycine*（大豆属）*Glycine soja* Sieb. et Zucc.（野生大豆）

【采集地】广西壮族自治区桂林市兴安县。

【类型】普通野生大豆，一年生草本。

【主要特征特性】无限型结荚习性，蔓生，主茎明显。生育期4月中旬至10月中旬，花期8月中旬至10月上旬，花紫色、短花序，茸毛棕色、紧贴、密度稀，叶卵圆形，叶长4.7 cm、叶宽2.0 cm，荚褐色、弯镰形，荚长2.66 cm、宽0.62 cm，种皮黑色、有泥膜，种脐黑色，籽粒长椭圆形、无光泽，子叶黄色，百粒重约为1.14 g，籽粒蛋白质含量为50.35%、脂肪含量为13.86%，为高蛋白种质资源。田间表现为高抗霜霉病，抗虫。

【利用价值】可用于饲料、绿肥，作大豆起源和演化研究，或作育种亲本。

38. 桂野 22-038

【学名】Leguminosae（豆科）Papilionoideae（蝶形花亚科）*Glycine*（大豆属）*Glycine soja* Sieb. et Zucc.（野生大豆）

【采集地】广西壮族自治区桂林市全州县。

【类型】普通野生大豆，一年生草本。

【主要特征特性】无限型结荚习性，蔓生，主茎明显。生育期 4 月中旬至 10 月中旬，花期 8 月中旬至 10 月上旬，花浅紫色、中花序，茸毛棕色、紧贴、密度稀，叶披针形，叶长 7.1 cm、叶宽 3.0 cm，荚深褐色、弯镰形，荚长 1.84 cm、宽 0.41 cm，种皮黑色、有泥膜，种脐黑色，籽粒椭圆形、无光泽，子叶黄色，百粒重约为 0.79 g，籽粒蛋白质含量为 50.03%、脂肪含量为 12.80%，为高蛋白种质资源。田间表现为高抗花叶病毒、高抗霜霉病，抗虫。

【利用价值】可用于饲料、绿肥，作大豆起源和演化研究，或作育种亲本。

39. 桂野 22-039

【学名】Leguminosae（豆科）Papilionoideae（蝶形花亚科）*Glycine*（大豆属）*Glycine soja* Sieb. et Zucc.（野生大豆）

【采集地】广西壮族自治区桂林市全州县。

【类型】普通野生大豆，一年生草本。

【主要特征特性】无限型结荚习性，蔓生，主茎明显。生育期4月中旬至10月中旬，花期8月中旬至10月上旬，花紫色、中花序，茸毛棕色、紧贴、密度稀，叶卵圆形，叶长6.3 cm、叶宽3.1 cm，荚深褐色、弯镰形，荚长1.89 cm、宽0.44 cm，种皮黑色、有泥膜，种脐黑色，籽粒长椭圆形、无光泽，子叶黄色，百粒重约为0.87 g，籽粒蛋白质含量为51.17%、脂肪含量为12.96%，为高蛋白种质资源。田间表现为高抗花叶病毒病，抗虫。

【利用价值】可用于饲料、绿肥，作大豆起源和演化研究，或作育种亲本。

40. 桂野 22-040

【学名】Leguminosae（豆科）Papilionoideae（蝶形花亚科）*Glycine*（大豆属）*Glycine soja* Sieb. et Zucc.（野生大豆）

【采集地】广西壮族自治区桂林市全州县。

【类型】普通野生大豆，一年生草本。

【主要特征特性】无限型结荚习性，蔓生，主茎明显。生育期4月中旬至10月中旬，花期8月中旬至10月中旬，花紫色、中花序，茸毛棕色、紧贴、密度稀，叶披针形，叶长7.3 cm、叶宽2.5 cm，荚深褐色、直形，荚长1.95 cm、宽0.43 cm，种皮黑色（黑褐）、有泥膜，种脐黑色，籽粒椭圆形、无光泽，子叶黄色，百粒重约为0.94 g，籽粒蛋白质含量为44.45%、脂肪含量为16.07%。田间表现为高抗花叶病毒、高抗霜霉病，抗虫。

【利用价值】可用于饲料、绿肥，作大豆起源和演化研究，或作育种亲本。

41. 桂野 22-041

【学名】Leguminosae（豆科）Papilionoideae（蝶形花亚科）*Glycine*（大豆属）*Glycine soja* Sieb. et Zucc.（野生大豆）

【采集地】广西壮族自治区桂林市全州县。

【类型】普通野生大豆，一年生草本。

【主要特征特性】无限型结荚习性，蔓生，主茎明显。生育期 4 月中旬至 10 月中旬，花期 8 月下旬至 10 月上旬，花浅紫色、短花序，茸毛棕色、紧贴、密度稀，叶披针形，叶长 8.1 cm、叶宽 3.8 cm，荚褐色、弯镰形，荚长 1.88 cm、宽 0.45 cm，种皮黑色、有泥膜，种脐黑色，籽粒长椭圆形、无光泽，子叶黄色，百粒重约为 0.96 g，籽粒蛋白质含量为 50.10%、脂肪含量为 13.32%，为高蛋白种质资源。田间表现为高抗花叶病毒、高抗霜霉病。

【利用价值】可用于饲料、绿肥，作大豆起源和演化研究，或作育种亲本。

42. 桂野 22-042

【学名】Leguminosae（豆科）Papilionoideae（蝶形花亚科）*Glycine*（大豆属）*Glycine soja* Sieb. et Zucc.（野生大豆）

【采集地】广西壮族自治区桂林市全州县。

【类型】普通野生大豆，一年生草本。

【主要特征特性】无限型结荚习性，蔓生，主茎明显。生育期4月中旬至10月中旬，花期8月中旬至10月上旬，花浅紫色、短花序，茸毛棕色、紧贴、密度稀，叶卵圆形，叶长6.3 cm、叶宽2.9 cm，荚深褐色、弯镰形，荚长2.05 cm、宽0.45 cm，种皮黑色（黑花）、有泥膜，种脐黑色，籽粒椭圆形、无光泽，子叶黄色，百粒重约为0.96 g，籽粒蛋白质含量为49.52%、脂肪含量为14.88%，为高蛋白种质资源。田间表现为高抗花叶病毒、高抗霜霉病，抗虫。

【利用价值】可用于饲料、绿肥，作大豆起源和演化研究，或作育种亲本。

43. 桂野 22-043

【学名】Leguminosae（豆科）Papilionoideae（蝶形花亚科）*Glycine*（大豆属）*Glycine soja* Sieb. et Zucc.（野生大豆）

【采集地】广西壮族自治区桂林市全州县。

【类型】普通野生大豆，一年生草本。

【主要特征特性】无限型结荚习性，蔓生，主茎明显。生育期 4 月中旬至 10 月中旬，花期 8 月中旬至 10 月上旬，花紫色、中花序，茸毛棕色、紧贴、密度稀，叶披针形，叶长 7.3 cm、叶宽 2.5 cm，荚褐色、弯镰形，荚长 2.01 cm、宽 0.45 cm，种皮黑色、有泥膜，种脐黑色，籽粒长椭圆形、无光泽，子叶黄色，百粒重约为 0.80 g，籽粒蛋白质含量为 49.59%、脂肪含量为 12.38%，为高蛋白种质资源。田间表现为高抗花叶病毒病，抗虫。

【利用价值】可用于饲料、绿肥，作大豆起源和演化研究，或作育种亲本。

44. 桂野 22-044

【学名】Leguminosae（豆科）Papilionoideae（蝶形花亚科）*Glycine*（大豆属）*Glycine soja* Sieb. et Zucc.（野生大豆）

【采集地】广西壮族自治区桂林市全州县。

【类型】普通野生大豆，一年生草本。

【主要特征特性】无限型结荚习性，蔓生，主茎明显。生育期4月中旬至10月中旬，花期8月中旬至10月上旬，花浅紫色、短花序，茸毛棕色、紧贴、密度稀，叶披针形，叶长7.5 cm、叶宽2.6 cm，荚深褐色、直形，荚长2.12 cm、宽0.35 cm，种皮黑色、有泥膜，种脐黑色，籽粒长椭圆形、无光泽，子叶黄色，百粒重约为1.02 g，籽粒蛋白质含量为48.65%、脂肪含量为14.49%，为高蛋白种质资源。田间表现为高抗花叶病毒、高抗霜霉病，抗虫。

【利用价值】可用于饲料、绿肥，作大豆起源和演化研究，或作育种亲本。

45. 桂野 22-045

【学名】Leguminosae（豆科）Papilionoideae（蝶形花亚科）*Glycine*（大豆属）*Glycine soja* Sieb. et Zucc.（野生大豆）

【采集地】广西壮族自治区桂林市全州县。

【类型】普通野生大豆，一年生草本。

【主要特征特性】无限型结荚习性，蔓生，主茎明显。生育期 4 月中旬至 10 月中旬，花期 8 月中旬至 10 月上旬，花浅紫色、短花序，茸毛棕色、紧贴、密度稀，叶披针形，叶长 7.4 cm、叶宽 2.7 cm，荚深褐色、弯镰形，荚长 1.90 cm、宽 0.40 cm，种皮黑色（黑花）、有泥膜，种脐黑色，籽粒椭圆形、无光泽，子叶黄色，百粒重约为 1.27 g，籽粒蛋白质含量为 42.17%、脂肪含量为 18.13%。田间表现为高抗花叶病毒、高抗霜霉病，抗虫。

【利用价值】可用于饲料、绿肥，作大豆起源和演化研究，或作育种亲本。

46. 桂野 22-046

【学名】Leguminosae（豆科）Papilionoideae（蝶形花亚科）*Glycine*（大豆属）*Glycine soja* Sieb. et Zucc.（野生大豆）

【采集地】广西壮族自治区桂林市全州县。

【类型】普通野生大豆，一年生草本。

【主要特征特性】无限型结荚习性，蔓生，主茎明显。生育期 4 月中旬至 10 月中旬，花期 8 月下旬至 10 月上旬，花浅紫色、短花序，茸毛棕色、紧贴、密度稀，叶披针形，叶长 8.0 cm、叶宽 2.9 cm，荚褐色、弯镰形，荚长 1.92 cm、宽 0.37 cm，种皮黑色（黑斑）、有泥膜，种脐黑色，籽粒长椭圆形、无光泽，子叶黄色，百粒重约为 1.03 g，籽粒蛋白质含量为 46.96%、脂肪含量为 14.95%，为高蛋白种质资源。田间表现为高抗花叶病毒、高抗霜霉病，抗虫。

【利用价值】可用于饲料、绿肥，作大豆起源和演化研究，或作育种亲本。

47. 桂野 22 047

【学名】Leguminosae（豆科）Papilionoideae（蝶形花亚科）*Glycine*（大豆属）*Glycine soja* Sieb. et Zucc.（野生大豆）

【采集地】广西壮族自治区桂林市全州县。

【类型】普通野生大豆，一年生草本。

【主要特征特性】无限型结荚习性，蔓生，主茎明显。生育期 4 月中旬至 10 月中旬，花期 8 月下旬至 10 月上旬，花浅紫色、短花序，茸毛棕色、紧贴、密度稀，叶卵圆形，叶长 6.9 cm、叶宽 2.2 cm，荚褐色、直形，荚长 2.09 cm、宽 0.39 cm，种皮黑色（黑花）、有泥膜，种脐黑色，籽粒长椭圆形、无光泽，子叶黄色，百粒重约为 0.86 g，籽粒蛋白质含量为 47.53%、脂肪含量为 15.34%，为高蛋白种质资源。田间表现为高抗花叶病毒、高抗霜霉病，抗虫。

【利用价值】可用于饲料、绿肥，作大豆起源和演化研究，或作育种亲本。

48. 桂野 22-048

【学名】Leguminosae（豆科）Papilionoideae（蝶形花亚科）*Glycine*（大豆属）*Glycine soja* Sieb. et Zucc.（野生大豆）

【采集地】广西壮族自治区桂林市全州县。

【类型】普通野生大豆，一年生草本。

【主要特征特性】无限型结荚习性，蔓生，主茎明显。生育期 4 月中旬至 10 月中旬，花期 8 月中旬至 10 月上旬，花浅紫色、短花序，茸毛棕色、紧贴、密度稀，叶披针形，叶长 7.7 cm、叶宽 2.8 cm，荚深褐色、弯镰形，荚长 2.03 cm、宽 0.38 cm，种皮黑色（黑花）、有泥膜，种脐黑色，籽粒长椭圆形、无光泽，子叶黄色，百粒重约为 0.86 g，籽粒蛋白质含量为 48.16%、脂肪含量为 15.46%，为高蛋白种质资源。田间表现为高抗花叶病毒病，抗虫。

【利用价值】可用于饲料、绿肥，作大豆起源和演化研究，或作育种亲本。

49. 桂野 22-049

【学名】Leguminosae（豆科）Papilionoideae（蝶形花亚科）*Glycine*（大豆属）*Glycine soja* Sieb. et Zucc.（野生大豆）

【采集地】广西壮族自治区桂林市全州县。

【类型】普通野生大豆，一年生草本。

【主要特征特性】无限型结荚习性，蔓生，主茎明显。生育期4月中旬至10月中旬，花期8月下旬至10月上旬，花浅紫色、短花序，茸毛棕色、紧贴、密度稀，叶披针形，叶长4.4 cm、叶宽1.3 cm，荚深褐色，弯镰形，荚长1.96 cm、宽0.41 cm，种皮黑色（黑斑）、有泥膜，种脐黑褐色，籽粒长椭圆形、无光泽，子叶黄色，百粒重约为0.86 g，籽粒蛋白质含量为50.78%、脂肪含量为14.35%，为高蛋白种质资源。田间表现为高抗霜霉病，抗虫，高抗花叶病毒。

【利用价值】可用于饲料、绿肥，作大豆起源和演化研究，或作育种亲本。

50. 桂野 22-050

【学名】Leguminosae（豆科）Papilionoideae（蝶形花亚科）*Glycine*（大豆属）*Glycine soja* Sieb. et Zucc.（野生大豆）

【采集地】广西壮族自治区桂林市全州县。

【类型】普通野生大豆，一年生草本。

【主要特征特性】无限型结荚习性，蔓生，主茎明显。生育期 4 月中旬至 10 月中旬，花期 8 月中旬至 10 月上旬，花浅紫色、短花序，茸毛棕色、紧贴、密度稀，叶披针形，叶长 5.7 cm、叶宽 1.7 cm，荚褐色、弯镰形，荚长 2.01 cm、宽 0.41 cm，种皮黑色、有泥膜，种脐黑褐色，籽粒长椭圆形、无光泽，子叶黄色，百粒重约为 0.90 g，籽粒蛋白质含量为 49.09%、脂肪含量为 15.40%，为高蛋白种质资源。田间表现为高抗花叶病毒、高抗霜霉病，抗虫。

【利用价值】可用于饲料、绿肥，作大豆起源和演化研究，或作育种亲本。

51. 桂野 22-051

【学名】Leguminosae（豆科）Papilionoideae（蝶形花亚科）*Glycine*（大豆属）*Glycine soja* Sieb. et Zucc.（野生大豆）

【采集地】广西壮族自治区桂林市全州县。

【类型】普通野生大豆，一年生草本。

【主要特征特性】无限型结荚习性，蔓生，主茎明显。生育期 4 月中旬至 10 月中旬，花期 8 月中旬至 10 月上旬，花紫色、短花序，茸毛棕色、紧贴、密度稀，叶披针形，叶长 6.3 cm、叶宽 2.4 cm，荚深褐色、弯镰形，荚长 2.00 cm、宽 0.46 cm，种皮黑色、有泥膜，种脐黑色，籽粒长椭圆形、无光泽，子叶黄色，百粒重约为 0.87 g，籽粒蛋白质含量为 48.27%、脂肪含量为 14.01%，为高蛋白种质资源。田间表现为高抗花叶病毒、高抗霜霉病，抗虫。

【利用价值】可用于饲料、绿肥，作大豆起源和演化研究，或作育种亲本。

52. 桂野 22-052

【学名】Leguminosae（豆科）Papilionoideae（蝶形花亚科）*Glycine*（大豆属）*Glycine soja* Sieb. et Zucc.（野生大豆）

【采集地】广西壮族自治区桂林市全州县。

【类型】普通野生大豆，一年生草本。

【主要特征特性】无限型结荚习性，蔓生，主茎明显。生育期4月中旬至10月中旬，花期8月中旬至10月中旬，花深紫色、短花序，茸毛棕色、紧贴、密度稀，叶披针形，叶长5.9 cm、叶宽2.0 cm，荚褐色、弯镰形，荚长2.01 cm、宽0.47 cm，种皮黑色（黑斑）、有泥膜，种脐黑色，籽粒长椭圆形、无光泽，子叶黄色，百粒重约为0.83 g，籽粒蛋白质含量为48.90%、脂肪含量为12.57%，为高蛋白种质资源。田间表现为高抗花叶病毒、高抗霜霉病。

【利用价值】可用于饲料、绿肥，作大豆起源和演化研究，或作育种亲本。

53. 桂野 22-053

【学名】Leguminosae（豆科）Papilionoideae（蝶形花亚科）*Glycine*（大豆属）
Glycine soja Sieb. et Zucc.（野生大豆）

【采集地】广西壮族自治区桂林市全州县。

【类型】普通野生大豆，一年生草本。

【主要特征特性】无限型结荚习性，蔓生，主茎明显。生育期 4 月中旬至 10 月中旬，花期 8 月中旬至 10 月上旬，花紫色、短花序，茸毛棕色、紧贴、密度稀，叶披针形，叶长 6.9 cm、叶宽 2.1 cm，荚深褐色、弯镰形，荚长 2.12 cm、宽 0.44 cm，种皮黑色、有泥膜，种脐黑褐色，籽粒长椭圆形、无光泽，子叶黄色，百粒重约为 0.90 g，籽粒蛋白质含量为 51.16%、脂肪含量为 13.60%，为高蛋白种质资源。田间表现为高抗花叶病毒、高抗霜霉病，抗虫。

【利用价值】可用于饲料、绿肥，作大豆起源和演化研究，或作育种亲本。

54. 桂野 22-054

【学名】Leguminosae（豆科）Papilionoideae（蝶形花亚科）*Glycine*（大豆属）*Glycine soja* Sieb. et Zucc.（野生大豆）

【采集地】广西壮族自治区桂林市全州县。

【类型】普通野生大豆，一年生草本。

【主要特征特性】无限型结荚习性，蔓生，主茎明显。生育期4月中旬至10月中旬，花期8月中旬至10月上旬，花浅紫色、短花序，茸毛棕色、紧贴、密度稀，叶卵圆形，叶长6.2 cm、叶宽2.3 cm，荚灰褐色、弯镰形，荚长1.90 cm、宽0.38 cm，种皮黑色、有泥膜，种脐黑色，籽粒长椭圆形、无光泽，子叶黄色，百粒重约为0.82 g，籽粒蛋白质含量为51.54%、脂肪含量为13.60%，为高蛋白种质资源。田间表现为高抗花叶病毒、高抗霜霉病，抗虫。

【利用价值】可用于饲料、绿肥，作大豆起源和演化研究，或作育种亲本。

55. 桂野 22-055

【学名】Leguminosae（豆科）Papilionoideae（蝶形花亚科）*Glycine*（大豆属）*Glycine soja* Sieb. et Zucc.（野生大豆）

【采集地】广西壮族自治区桂林市全州县。

【类型】普通野生大豆，一年生草本。

【主要特征特性】无限型结荚习性，蔓生，主茎明显。生育期4月中旬至10月中旬，花期8月中旬至10月上旬，花浅紫色、短花序，茸毛棕色、紧贴、密度稀，叶披针形，叶长4.3 cm、叶宽1.7 cm，荚褐色、弯镰形，荚长1.82 cm、宽0.36 cm，种皮黑色、有泥膜，种脐黑色，籽粒长椭圆形、无光泽，子叶黄色，百粒重约为0.94 g，籽粒蛋白质含量为49.06%、脂肪含量为15.24%，为高蛋白种质资源。田间表现为高抗花叶病毒、高抗霜霉病。

【利用价值】可用于饲料、绿肥，作大豆起源和演化研究，或作育种亲本。

56. 桂野 22-056

【学名】Leguminosae（豆科）Papilionoideae（蝶形花亚科）*Glycine*（大豆属）*Glycine soja* Sieb. et Zucc.（野生大豆）

【采集地】广西壮族自治区桂林市全州县。

【类型】普通野生大豆，一年生草本。

【主要特征特性】无限型结荚习性，蔓生，主茎明显。生育期4月中旬至10月中旬，花期8月中旬至10月上旬，花浅紫色、短花序，茸毛棕色、紧贴、密度稀，叶披针形，叶长5.4 cm、叶宽2.4 cm，荚深褐色、弯镰形，荚长1.92 cm、宽0.41 cm，种皮黑色（黑斑）、有泥膜，种脐黑色，籽粒长椭圆形、无光泽，子叶黄色，百粒重约为0.77 g，籽粒蛋白质含量为48.98%、脂肪含量为13.55%，为高蛋白种质资源。田间表现为高抗花叶病毒、高抗霜霉病。

【利用价值】可用于饲料、绿肥，作大豆起源和演化研究，或作育种亲本。

57. 桂野 22-057

【学名】Leguminosae（豆科）Papilionoideae（蝶形花亚科）*Glycine*（大豆属）*Glycine soja* Sieb. et Zucc.（野生大豆）

【采集地】广西壮族自治区桂林市全州县。

【类型】普通野生大豆，一年生草本。

【主要特征特性】无限型结荚习性，蔓生，主茎明显。生育期 4 月中旬至 10 月中旬，花期 8 月下旬至 10 月上旬，花浅紫色、中花序，茸毛棕色、紧贴、密度稀，叶卵圆形，叶长 6.3 cm、叶宽 2.4 cm，荚深褐色、弯镰形，荚长 1.80 cm、宽 0.36 cm，种皮黑色、有泥膜，种脐黑色，籽粒长椭圆形、无光泽，子叶黄色，百粒重约为 0.94 g，籽粒蛋白质含量为 50.42%、脂肪含量为 14.07%，为高蛋白种质资源。田间表现为高抗花叶病毒、高抗霜霉病。

【利用价值】可用于饲料、绿肥，作大豆起源和演化研究，或作育种亲本。

58. 桂野 22-058

【学名】Leguminosae（豆科）Papilionoideae（蝶形花亚科）*Glycine*（大豆属）*Glycine soja* Sieb. et Zucc.（野生大豆）

【采集地】广西壮族自治区桂林市全州县。

【类型】普通野生大豆，一年生草本。

【主要特征特性】无限型结荚习性，蔓生，主茎明显。生育期4月中旬至10月中旬，花期8月下旬至10月上旬，花浅紫色、中花序，茸毛棕色、紧贴、密度稀，叶卵圆形，叶长5.4 cm、叶宽2.4 cm，荚褐色、弯镰形，荚长1.79 cm、宽0.38 cm，种皮黑色、有泥膜，种脐黑色，籽粒长椭圆形、无光泽，子叶黄色，百粒重约为0.76 g，籽粒蛋白质含量为44.82%、脂肪含量为17.01%。田间表现为高抗花叶病毒、高抗霜霉病。

【利用价值】可用于饲料、绿肥，作大豆起源和演化研究，或作育种亲本。

59. 桂野 22-059

【学名】Leguminosae（豆科）Papilionoideae（蝶形花亚科）*Glycine*（大豆属）
Glycine soja Sieb. et Zucc.（野生大豆）

【采集地】广西壮族自治区桂林市全州县。

【类型】狭叶野生大豆，一年生草本。

【主要特征特性】无限型结荚习性，蔓生，主茎明显。生育期4月中旬至10月上旬，花期8月中旬至10月上旬，花紫色、中花序，茸毛棕色、紧贴、密度稀，叶披针形（线形），叶长4.6 cm、叶宽1.5 cm，荚褐色、弯镰形，荚长1.93 cm、宽0.42 cm，种皮黑色（黑斑）、有泥膜，种脐黑色，籽粒长椭圆形、无光泽，子叶黄色，百粒重约为1.12 g，籽粒蛋白质含量为47.13%、脂肪含量为17.19%，为高蛋白种质资源。田间表现为高抗花叶病毒、高抗霜霉病。

【利用价值】可用于饲料、绿肥，作大豆起源和演化研究，或作育种亲本。

60. 桂野 22-060

【学名】Leguminosae（豆科）Papilionoideae（蝶形花亚科）*Glycine*（大豆属）*Glycine soja* Sieb. et Zucc.（野生大豆）

【采集地】广西壮族自治区桂林市全州县。

【类型】普通野生大豆，一年生草本。

【主要特征特性】无限型结荚习性，蔓生，主茎明显。生育期 4 月中旬至 10 月中旬，花期 8 月中旬至 10 月上旬，花紫色、中花序，茸毛棕色、紧贴、密度稀，叶披针形，叶长 6.3 cm、叶宽 2.2 cm，荚褐色、弯镰形，荚长 1.90 cm、宽 0.45 cm，种皮黑色、有泥膜，种脐黑色，籽粒长椭圆形、无光泽，子叶黄色，百粒重约为 0.75 g，籽粒蛋白质含量为 48.25%、脂肪含量为 15.87%，为高蛋白种质资源。田间表现为高抗霜霉病。

【利用价值】可用于饲料、绿肥，作大豆起源和演化研究，或作育种亲本。

61. 桂野 22-061

【学名】Leguminosae（豆科）Papilionoideae（蝶形花亚科）*Glycine*（大豆属）*Glycine soja* Sieb. et Zucc.（野生大豆）

【采集地】广西壮族自治区桂林市全州县。

【类型】普通野生大豆，一年生草本。

【主要特征特性】无限型结荚习性，蔓生，主茎明显。生育期4月中旬至10月中旬，花期8月下旬至10月上旬，花紫色、短花序，茸毛棕色、紧贴、密度稀，叶卵圆形，叶长5.8 cm、叶宽3.1 cm，荚褐色、弯镰形，荚长2.00 cm、宽0.39 cm，种皮黑色（黑褐）、有泥膜，种脐黑色，籽粒椭圆形、无光泽，子叶黄色，百粒重约为0.93 g，籽粒蛋白质含量为45.57%、脂肪含量为15.44%，为高蛋白种质资源。田间表现为抗虫。

【利用价值】可用于饲料、绿肥，作大豆起源和演化研究，或作育种亲本。

62. 桂野 22-062

【学名】Leguminosae（豆科）Papilionoideae（蝶形花亚科）*Glycine*（大豆属）*Glycine soja* Sieb. et Zucc.（野生大豆）

【采集地】广西壮族自治区桂林市全州县。

【类型】普通野生大豆，一年生草本。

【主要特征特性】无限型结荚习性，蔓生，主茎明显。生育期4月中旬至10月中旬，花期8月中旬至10月上旬，花浅紫色、中花序，茸毛棕色、紧贴、密度稀，叶卵圆形，叶长6.1 cm、叶宽3.1 cm，荚深褐色、弯镰形，荚长2.05 cm、宽0.46 cm，种皮黑色（黑褐）、有泥膜，种脐黑色，籽粒长椭圆形、无光泽，子叶黄色，百粒重约为0.80 g，籽粒蛋白质含量为43.05%、脂肪含量为16.78%。田间表现为高抗霜霉病。

【利用价值】可用于饲料、绿肥，作大豆起源和演化研究，或作育种亲本。

63. 桂野 22-063

【学名】Leguminosae（豆科）Papilionoideae（蝶形花亚科）*Glycine*（大豆属）*Glycine soja* Sieb. et Zucc.（野生大豆）

【采集地】广西壮族自治区桂林市全州县。

【类型】普通野生大豆，一年生草本。

【主要特征特性】无限型结荚习性，蔓生，主茎明显。生育期4月中旬至10月中旬，花期8月下旬至10月上旬，花浅紫色、中花序，茸毛棕色、倾斜、密度稀，叶卵圆形，叶长7.0 cm、叶宽3.7 cm，荚深褐色、弯镰形，荚长1.97 cm、宽0.40 cm，种皮黑色（黑褐）、有泥膜，种脐黑色，籽粒长椭圆形、无光泽，子叶黄色，百粒重约为0.86 g，籽粒蛋白质含量为47.87%、脂肪含量为14.43%，为高蛋白种质资源。田间表现为高抗花叶病毒病，抗虫。

【利用价值】可用于饲料、绿肥，作大豆起源和演化研究，或作育种亲本。

64. 桂野 22-064

【学名】Leguminosae（豆科）Papilionoideae（蝶形花亚科）*Glycine*（大豆属）*Glycine soja* Sieb. et Zucc.（野生大豆）

【采集地】广西壮族自治区桂林市全州县。

【类型】普通野生大豆，一年生草本。

【主要特征特性】无限型结荚习性，蔓生，主茎明显。生育期4月中旬至10月中旬，花期8月中旬至10月上旬，花紫色、中花序，茸毛棕色、倾斜、密度稀，叶卵圆形，叶长4.7 cm、叶宽2.3 cm，荚深褐色、弯镰形，荚长1.91 cm、宽0.36 cm，种皮黑色（黑褐）、有泥膜，种脐黑色，籽粒椭圆形、无光泽，子叶黄色，百粒重约为0.99 g，籽粒蛋白质含量为41.78%、脂肪含量为18.37%。田间表现为高抗霜霉病，抗虫。

【利用价值】可用于饲料、绿肥，作大豆起源和演化研究，或作育种亲本。

65. 桂野 22-065

【学名】Leguminosae（豆科）Papilionoideae（蝶形花亚科）*Glycine*（大豆属）*Glycine soja* Sieb. et Zucc.（野生大豆）

【采集地】广西壮族自治区桂林市全州县。

【类型】狭叶野生大豆，一年生草本。

【主要特征特性】无限型结荚习性，蔓生，主茎明显。生育期4月中旬至10月中旬，花期8月中旬至10月上旬，花紫色、中花序，茸毛棕色、紧贴、密度稀，叶披针形（线形），叶长6.0 cm、叶宽1.6 cm，荚深褐色、弯镰形，荚长2.12 cm、宽0.48 cm，种皮黑色、有泥膜，种脐黑色，籽粒长椭圆形、无光泽，子叶黄色，百粒重约为1.22 g，籽粒蛋白质含量为47.42%、脂肪含量为16.59%，为高蛋白种质资源。田间表现为高抗霜霉病，抗虫。

【利用价值】可用于饲料、绿肥，作大豆起源和演化研究，或作育种亲本。

66. 桂野 22-066

【学名】Leguminosae（豆科）Papilionoideae（蝶形花亚科）*Glycine*（大豆属）*Glycine soja* Sieb. et Zucc.（野生大豆）

【采集地】广西壮族自治区桂林市全州县。

【类型】普通野生大豆，一年生草本。

【主要特征特性】无限型结荚习性，蔓生，主茎明显。生育期4月中旬至10月中旬，花期8月中旬至10月上旬，花紫色、中花序，茸毛棕色、紧贴、密度稀，叶卵圆形，叶长4.9 cm、叶宽2.0 cm，荚深褐色、弯镰形，荚长1.92 cm、宽0.38 cm，种皮黑色（黑斑）、有泥膜，种脐黑色，籽粒长椭圆形、无光泽，子叶黄色，百粒重约为0.99 g，籽粒蛋白质含量为46.29%、脂肪含量为15.24%，为高蛋白种质资源。田间表现为高抗霜霉病，抗虫。

【利用价值】可用于饲料、绿肥，作大豆起源和演化研究，或作育种亲本。

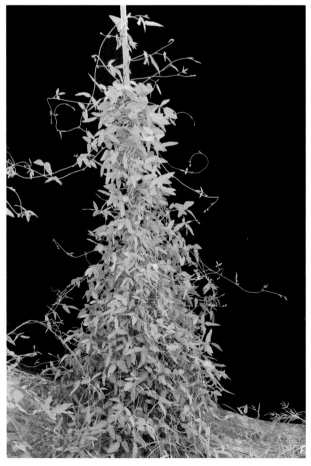

67. 桂野 22-067

【学名】Leguminosae（豆科）Papilionoideae（蝶形花亚科）*Glycine*（大豆属）*Glycine soja* Sieb. et Zucc.（野生大豆）

【采集地】广西壮族自治区桂林市全州县。

【类型】普通野生大豆，一年生草本。

【主要特征特性】无限型结荚习性，蔓生，主茎明显。生育期4月中旬至10月中旬，花期8月中旬至10月上旬，花浅紫色、短花序，茸毛棕色、紧贴、密度稀，叶卵圆形，叶长5.2 cm、叶宽2.3 cm，荚深褐色、弯镰形，荚长1.93 cm、宽0.40 cm，种皮黑色、有泥膜，种脐黑色，籽粒长椭圆形、无光泽，子叶黄色，百粒重约为1.01 g，籽粒蛋白质含量为46.01%、脂肪含量为15.46%，为高蛋白种质资源。田间表现为高抗霜霉病，抗虫。

【利用价值】可用于饲料、绿肥，作大豆起源和演化研究，或作育种亲本。

68. 桂野 22-068

【学名】Leguminosae（豆科）Papilionoideae（蝶形花亚科）*Glycine*（大豆属）*Glycine soja* Sieb. et Zucc.（野生大豆）

【采集地】广西壮族自治区桂林市全州县。

【类型】普通野生大豆，一年生草本。

【主要特征特性】无限型结荚习性，蔓生，主茎明显。生育期 4 月中旬至 10 月中旬，花期 8 月中旬至 10 月上旬，花紫色、短花序，茸毛棕色、紧贴、密度稀，叶卵圆形，叶长 5.5 cm、叶宽 2.5 cm，荚深褐色、弯镰形，荚长 2.02 cm、宽 0.41 cm，种皮黑色、有泥膜，种脐黑色，籽粒长椭圆形、无光泽，子叶黄色，百粒重约为 0.94 g，籽粒蛋白质含量为 45.47%、脂肪含量为 15.29%，为高蛋白种质资源。田间表现为高抗花叶病毒病。

【利用价值】可用于饲料、绿肥，作大豆起源和演化研究，或作育种亲本。

69. 桂野 22-069

【学名】Leguminosae（豆科）Papilionoideae（蝶形花亚科）*Glycine*（大豆属）*Glycine soja* Sieb. et Zucc.（野生大豆）

【采集地】广西壮族自治区桂林市全州县。

【类型】普通野生大豆，一年生草本。

【主要特征特性】无限型结荚习性，蔓生，主茎明显。生育期 4 月中旬至 10 月中旬，花期 8 月中旬至 10 月上旬，花浅紫色、中花序，茸毛棕色、紧贴、密度稀，叶卵圆形，叶长 5.2 cm、叶宽 2.6 cm，荚褐色、弯镰形，荚长 1.95 cm、宽 0.44 cm，种皮黑色（黑斑）、有泥膜，种脐黑色，籽粒长椭圆形、无光泽，子叶黄色，百粒重约为 0.83 g，籽粒蛋白质含量为 48.87%、脂肪含量为 15.13%，为高蛋白种质资源。田间表现为高抗霜霉病，抗虫。

【利用价值】可用于饲料、绿肥，作大豆起源和演化研究，或作育种亲本。

70. 桂野 22-070

【学名】Leguminosae（豆科）Papilionoideae（蝶形花亚科）*Glycine*（大豆属）*Glycine soja* Sieb. et Zucc.（野生大豆）

【采集地】广西壮族自治区桂林市全州县。

【类型】普通野生大豆，一年生草本。

【主要特征特性】无限型结荚习性，蔓生，主茎明显。生育期4月中旬至10月中旬，花期8月中旬至10月上旬，花紫色、中花序，茸毛棕色、倾斜、密度中等，叶卵圆形，叶长6.2 cm、叶宽3.0 cm，荚深褐色、弯镰形，荚长1.92 cm、宽0.40 cm，种皮黑色（黑花）、有泥膜，种脐黑色，籽粒长椭圆形、无光泽，子叶黄色，百粒重约为1.07 g，籽粒蛋白质含量为47.55%、脂肪含量为15.41%，为高蛋白种质资源。田间表现为高抗花叶病毒、高抗霜霉病，抗虫。

【利用价值】可用于饲料、绿肥，作大豆起源和演化研究，或作育种亲本。

71. 桂野 22-071

【学名】Leguminosae（豆科）Papilionoideae（蝶形花亚科）*Glycine*（大豆属）*Glycine soja* Sieb. et Zucc.（野生大豆）

【采集地】广西壮族自治区桂林市全州县。

【类型】普通野生大豆，一年生草本。

【主要特征特性】无限型结荚习性，蔓生，主茎明显。生育期 4 月中旬至 10 月中旬，花期 8 月中旬至 10 月上旬，花紫色、中花序，茸毛棕色、倾斜、密度中等，叶卵圆形，叶长 6.0 cm、叶宽 2.8 cm，荚深褐色、弯镰形，荚长 1.87 cm、宽 0.36 cm，种皮黑色、有泥膜，种脐黑色，籽粒长椭圆形、无光泽，子叶黄色，百粒重约为 1.01 g，籽粒蛋白质含量为 46.57%、脂肪含量为 15.17%，为高蛋白种质资源。田间表现为高抗花叶病毒病，抗虫。

【利用价值】可用于饲料、绿肥，作大豆起源和演化研究，或作育种亲本。

72. 桂野 22-072

【学名】Leguminosae（豆科）Papilionoideae（蝶形花亚科）*Glycine*（大豆属）*Glycine soja* Sieb. et Zucc.（野生大豆）

【采集地】广西壮族自治区桂林市全州县。

【类型】普通野生大豆，一年生草本。

【主要特征特性】无限型结荚习性，蔓生，主茎明显。生育期 4 月中旬至 10 月中旬，花期 8 月中旬至 10 月上旬，花紫色、中花序，茸毛棕色、紧贴、密度稀，叶卵圆形，叶长 6.3 cm、叶宽 2.9 cm，荚褐色、弯镰形，荚长 1.94 cm、宽 0.37 cm，种皮黑色（黑斑）、有泥膜，种脐黑色，籽粒椭圆形、无光泽，子叶黄色，百粒重约为 0.88 g，籽粒蛋白质含量为 47.46%、脂肪含量为 14.89%，为高蛋白种质资源。田间表现为高抗霜霉病，抗虫。

【利用价值】可用于饲料、绿肥，作大豆起源和演化研究，或作育种亲本。

73. 桂野 22-073

【学名】Leguminosae（豆科）Papilionoideae（蝶形花亚科）*Glycine*（大豆属）*Glycine soja* Sieb. et Zucc.（野生大豆）

【采集地】广西壮族自治区桂林市全州县。

【类型】普通野生大豆，一年生草本。

【主要特征特性】无限型结荚习性，蔓生，主茎明显。生育期4月中旬至10月中旬，花期8月中旬至10月上旬，花紫色、短花序，茸毛棕色、紧贴、密度中等，叶卵圆形，叶长5.6 cm、叶宽2.7 cm，荚深褐色、弯镰形，荚长1.92 cm、宽0.44 cm，种皮黑色（黑斑）、有泥膜，种脐黑色，籽粒长椭圆形、无光泽，子叶黄色，百粒重约为1.07 g，籽粒蛋白质含量为40.53%、脂肪含量为19.10%。田间表现为高抗花叶病毒、高抗霜霉病，抗虫。

【利用价值】可用于饲料、绿肥，作大豆起源和演化研究，或作育种亲本。

74. 桂野 22-074

【学名】Leguminosae（豆科）Papilionoideae（蝶形花亚科）*Glycine*（大豆属）*Glycine soja* Sieb. et Zucc.（野生大豆）

【采集地】广西壮族自治区桂林市全州县。

【类型】普通野生大豆，一年生草本。

【主要特征特性】无限型结荚习性，蔓生，主茎明显。生育期4月中旬至10月中旬，花期8月上旬至9月下旬，花紫色、中花序，茸毛棕色、紧贴、密度稀，叶椭圆形，叶长4.6 cm、叶宽1.8 cm，荚深褐色、弯镰形，荚长1.88 cm、宽0.42 cm，种皮黑色、有泥膜，种脐黑色，籽粒长椭圆形、无光泽，子叶黄色，百粒重约为0.69 g，籽粒蛋白质含量为51.46%、脂肪含量为12.23%，为高蛋白种质资源。田间表现为高抗花叶病毒、高抗霜霉病，抗虫。

【利用价值】可用于饲料、绿肥，作大豆起源和演化研究，或作育种亲本。

75. 桂野 22-075

【学名】Leguminosae（豆科）Papilionoideae（蝶形花亚科）*Glycine*（大豆属）*Glycine soja* Sieb. et Zucc.（野生大豆）

【采集地】广西壮族自治区桂林市全州县。

【类型】普通野生大豆，一年生草本。

【主要特征特性】无限型结荚习性，蔓生，主茎明显。生育期4月中旬至10月中旬，花期8月上旬至9月下旬，花浅紫色、中花序，茸毛棕色、紧贴、密度稀，叶椭圆形，叶长4.8 cm、叶宽1.9 cm，荚深褐色、弯镰形，荚长1.93 cm、宽0.44 cm，种皮黑色、有泥膜，种脐黑色，籽粒长椭圆形、无光泽，子叶黄色，百粒重约为0.71 g，籽粒蛋白质含量为50.45%、脂肪含量为12.69%，为高蛋白种质资源。田间表现为高抗霜霉病，抗虫。

【利用价值】可用于饲料、绿肥，作大豆起源和演化研究，或作育种亲本。

76. 桂野 22-076

【学　名】Leguminosae（豆科）Papilionoideae（蝶形花亚科）*Glycine*（大豆属）*Glycine soja* Sieb. et Zucc.（野生大豆）

【采集地】广西壮族自治区桂林市全州县。

【类　型】普通野生大豆，一年生草本。

【主要特征特性】无限型结荚习性，蔓生，主茎明显。生育期4月中旬至10月中旬，花期8月上旬至9月下旬，花紫色、短花序，茸毛棕色，紧贴，密度稀，叶披针形，叶长5.4 cm、叶宽2.1 cm，荚深褐色、弯镰形，荚长1.88 cm、宽0.44 cm，种皮黑色、有泥膜，种脐黑色，籽粒长椭圆形、无光泽，子叶黄色，百粒重约为0.73 g，籽粒蛋白质含量为49.43%、脂肪含量为11.74%，为高蛋白种质资源。田间表现为高抗霜霉病，抗虫。

【利用价值】可用于饲料、绿肥，作大豆起源和演化研究，或作育种亲本。

77. 桂野 22-077

【学名】Leguminosae（豆科）Papilionoideae（蝶形花亚科）*Glycine*（大豆属）*Glycine soja* Sieb. et Zucc.（野生大豆）

【采集地】广西壮族自治区桂林市全州县。

【类型】普通野生大豆，一年生草本。

【主要特征特性】无限型结荚习性，蔓生，主茎明显。生育期4月中旬至10月中旬，花期8月中旬至10月上旬，花深紫色、中花序，茸毛棕色、紧贴、密度稀，叶披针形，叶长5.5 cm、叶宽2.1 cm，荚褐色、弯镰形，荚长1.85 cm、宽0.42 cm，种皮黑色（黑褐）、有泥膜，种脐黑色，籽粒扁椭圆形、无光泽，子叶黄色，百粒重约为0.85 g，籽粒蛋白质含量为49.80%、脂肪含量为13.01%，为高蛋白种质资源。田间表现为高抗花叶病毒、高抗霜霉病，抗虫。

【利用价值】可用于饲料、绿肥，作大豆起源和演化研究，或作育种亲本。

78. 桂野 22-078

【学名】Leguminosae（豆科）Papilionoideae（蝶形花亚科）*Glycine*（大豆属）*Glycine soja* Sieb. et Zucc.（野生大豆）

【采集地】广西壮族自治区桂林市全州县。

【类型】普通野生大豆，一年生草本。

【主要特征特性】无限型结荚习性，蔓生，主茎明显。生育期 4 月中旬至 10 月中旬，花期 8 月上旬至 10 月上旬，花浅紫色、中花序，茸毛棕色、紧贴、密度稀，叶披针形，叶长 5.0 cm、叶宽 1.8 cm，荚褐色、弯镰形，荚长 1.96 cm、宽 0.46 cm，种皮黑色（黑斑）、有泥膜，种脐黑色，籽粒椭圆形、无光泽，子叶黄色，百粒重约为 0.72 g，籽粒蛋白质含量为 50.35%、脂肪含量为 12.92%，为高蛋白种质资源。田间表现为高抗花叶病毒、高抗霜霉病。

【利用价值】可用于饲料、绿肥，作大豆起源和演化研究，或作育种亲本。

79. 桂野 22-079

【学名】Leguminosae（豆科）Papilionoideae（蝶形花亚科）Glycine（大豆属）Glycine soja Sieb. et Zucc.（野生大豆）

【采集地】广西壮族自治区桂林市全州县。

【类型】普通野生大豆，一年生草本。

【主要特征特性】无限型结荚习性，蔓生，主茎明显。生育期4月中旬至10月中旬，花期8月上旬至10月上旬，花浅紫色、短花序，茸毛棕色、紧贴、密度稀，叶披针形，叶长5.1 cm、叶宽1.9 cm，荚深褐色、弯镰形，荚长2.07 cm、宽0.42 cm，种皮黑色（黑斑）、有泥膜，种脐黑色，籽粒长椭圆形、无光泽，子叶黄色，百粒重约为0.88 g，籽粒蛋白质含量为41.50%、脂肪含量为19.88%。田间表现为高抗花叶病毒、高抗霜霉病，抗虫。

【利用价值】可用于饲料、绿肥，作大豆起源和演化研究。

80. 桂野 22-080

【学名】Leguminosae（豆科）Papilionoideae（蝶形花亚科）*Glycine*（大豆属）*Glycine soja* Sieb. et Zucc.（野生大豆）

【采集地】广西壮族自治区桂林市全州县。

【类型】普通野生大豆，一年生草本。

【主要特征特性】无限型结荚习性，蔓生，主茎明显。生育期 4 月中旬至 10 月中旬，花期 8 月上旬至 10 月上旬，花浅紫色、中花序，茸毛棕色、紧贴、密度稀，叶卵圆形，叶长 4.6 cm、叶宽 2.3 cm，荚深褐色、弯镰形，荚长 1.90 cm、宽 0.42 cm，种皮黑色（黑花）、有泥膜，种脐黑色，籽粒椭圆形、无光泽，子叶黄色，百粒重约为 0.74 g，籽粒蛋白质含量为 46.07%、脂肪含量为 14.94%，为高蛋白种质资源。田间表现为高抗花叶病毒、高抗霜霉病，抗虫。

【利用价值】可用于饲料、绿肥，作大豆起源和演化研究，或作育种亲本。

81. 桂野 22-081

【学名】Leguminosae（豆科）Papilionoideae（蝶形花亚科）*Glycine*（大豆属）*Glycine soja* Sieb. et Zucc.（野生大豆）

【采集地】广西壮族自治区桂林市全州县。

【类型】普通野生大豆，一年生草本。

【主要特征特性】无限型结荚习性，蔓生，主茎明显。生育期 4 月中旬至 10 月中旬，花期 8 月上旬至 10 月上旬，花浅紫色、短花序，茸毛棕色、紧贴、密度稀，叶卵圆形，叶长 4.3 cm、叶宽 2.0 cm，荚褐色、弯镰形，荚长 1.67 cm、宽 0.32 cm，种皮黑色（黑褐）、有泥膜，种脐黑色，籽粒椭圆形、无光泽，子叶黄色，百粒重约为 0.65 g，籽粒蛋白质含量为 47.09%、脂肪含量为 14.81%，为高蛋白种质资源。田间表现为高抗花叶病毒病，抗虫。

【利用价值】可用于饲料、绿肥，作大豆起源和演化研究，或作育种亲本。

82. 桂野 22-082

【学名】Leguminosae（豆科）Papilionoideae（蝶形花亚科）*Glycine*（大豆属）*Glycine soja* Sieb. et Zucc.（野生大豆）

【采集地】广西壮族自治区桂林市全州县。

【类型】普通野生大豆，一年生草本。

【主要特征特性】无限型结荚习性，蔓生，主茎明显。生育期 4 月中旬至 10 月中旬，花期 8 月中旬至 10 月上旬，花浅紫色、中花序，茸毛棕色、紧贴、密度稀，叶卵圆形，叶长 6.3 cm、叶宽 3.4 cm，荚褐色、弯镰形，荚长 1.75 cm、宽 0.41 cm，种皮黑色（黑斑）、有泥膜，种脐黑色，籽粒长椭圆形、无光泽，子叶黄色，百粒重约为 0.75 g，籽粒蛋白质含量为 47.41%、脂肪含量为 15.33%，为高蛋白种质资源。田间表现为高抗花叶病毒、高抗霜霉病，抗虫。

【利用价值】可用于饲料、绿肥，作大豆起源和演化研究，或作育种亲本。

83. 桂野 22-083

【学名】Leguminosae（豆科）Papilionoideae（蝶形花亚科）*Glycine*（大豆属）*Glycine soja* Sieb. et Zucc.（野生大豆）

【采集地】广西壮族自治区桂林市全州县。

【类型】普通野生大豆，一年生草本。

【主要特征特性】无限型结荚习性，蔓生，主茎明显。生育期 4 月中旬至 10 月中旬，花期 7 月下旬至 9 月下旬，花浅紫色、短花序，茸毛棕色、紧贴、密度稀，叶披针形，叶长 6.9 cm、叶宽 2.3 cm，荚深褐色、弯镰形，荚长 1.73 cm、宽 0.39 cm，种皮黑色、有泥膜，种脐黑色，籽粒长椭圆形、无光泽，子叶黄色，百粒重约为 0.53 g，籽粒蛋白质含量为 51.59%、脂肪含量为 12.50%，为高蛋白种质资源。田间表现为高抗花叶病毒、高抗霜霉病，抗虫。

【利用价值】可用于饲料、绿肥，作大豆起源和演化研究，或作育种亲本。

84. 桂野 22-084

【学名】Leguminosae（豆科）Papilionoideae（蝶形花亚科）*Glycine*（大豆属）*Glycine soja* Sieb. et Zucc.（野生大豆）

【采集地】广西壮族自治区桂林市全州县。

【类型】普通野生大豆，一年生草本。

【主要特征特性】无限型结荚习性，蔓生，主茎明显。生育期 4 月中旬至 10 月中旬，花期 7 月下旬至 9 月下旬，花深紫色、短花序，茸毛棕色、紧贴、密度稀，叶披针形，叶长 6.1 cm、叶宽 1.9 cm，荚灰褐色、弯镰形，荚长 1.79 cm、宽 0.40 cm，种皮黑色、有泥膜，种脐黑色，籽粒长椭圆形、无光泽，子叶黄色，百粒重约为 1.01 g，籽粒蛋白质含量为 46.41%、脂肪含量为 15.53%，为高蛋白种质资源。田间表现为高抗花叶病毒病。

【利用价值】可用于饲料、绿肥，作大豆起源和演化研究，或作育种亲本。

85. 桂野22-085

【学名】Leguminosae（豆科）Papilionoideae（蝶形花亚科）*Glycine*（大豆属）*Glycine soja* Sieb. et Zucc.（野生大豆）

【采集地】广西壮族自治区桂林市全州县。

【类型】普通野生大豆，一年生草本。

【主要特征特性】无限型结荚习性，蔓生，主茎明显。生育期4月中旬至10月中旬，花期8月中旬至10月上旬，花浅紫色、中花序，茸毛棕色、紧贴、密度稀，叶披针形，叶长6.1 cm、叶宽2.2 cm，荚褐色、弯镰形，荚长1.90 cm、宽0.38 cm，种皮黑色（黑褐）、有泥膜，种脐黑色，籽粒长椭圆形、无光泽，子叶黄色，百粒重约为0.79 g，籽粒蛋白质含量为52.10%、脂肪含量为13.00%，为高蛋白种质资源。田间表现为高抗花叶病毒病，抗虫。

【利用价值】可用于饲料、绿肥，作大豆起源和演化研究，或作育种亲本。

86. 桂野 22-086

【学名】Leguminosae（豆科）Papilionoideae（蝶形花亚科）*Glycine*（大豆属）*Glycine soja* Sieb. et Zucc.（野生大豆）

【采集地】广西壮族自治区桂林市全州县。

【类型】普通野生大豆，一年生草本。

【主要特征特性】无限型结荚习性，蔓生，主茎明显。生育期 4 月中旬至 10 月中旬，花期 8 月中旬至 10 月上旬，花浅紫色、短花序，茸毛棕色、紧贴、密度稀，叶卵圆形，叶长 6.3 cm、叶宽 2.9 cm，荚褐色、弯镰形，荚长 1.81 cm、宽 0.36 cm，种皮黑色、有泥膜，种脐黑色，籽粒长椭圆形、无光泽，子叶黄色，百粒重约为 0.71 g，籽粒蛋白质含量为 47.90%、脂肪含量为 14.87%，为高蛋白种质资源。田间表现为高抗花叶病毒、高抗霜霉病。

【利用价值】可用于饲料、绿肥，作大豆起源和演化研究，或作育种亲本。

87. 桂野 22-087

【学名】Leguminosae（豆科）Papilionoideae（蝶形花亚科）*Glycine*（大豆属）*Glycine soja* Sieb. et Zucc.（野生大豆）

【采集地】广西壮族自治区桂林市全州县。

【类型】普通野生大豆，一年生草本。

【主要特征特性】无限型结荚习性，蔓生，主茎明显。生育期4月中旬至10月中旬，花期8月中旬至10月上旬，花浅紫色、短花序，茸毛棕色、紧贴、密度稀，叶披针形，叶长6.1 cm、叶宽2.2 cm，荚深褐色、弯镰形，荚长1.64 cm、宽0.37 cm，种皮黑色（黑花）、有泥膜，种脐黑色，籽粒长椭圆形、无光泽，子叶黄色，百粒重约为0.83 g，籽粒蛋白质含量为46.95%、脂肪含量为15.33%，为高蛋白种质资源。田间表现为高抗花叶病毒、高抗霜霉病，抗虫。

【利用价值】可用于饲料、绿肥，作大豆起源和演化研究，或作育种亲本。

88. 桂野 22-088

【学名】Leguminosae（豆科）Papilionoideae（蝶形花亚科）*Glycine*（大豆属）*Glycine soja* Sieb. et Zucc.（野生大豆）

【采集地】广西壮族自治区桂林市全州县。

【类型】普通野生大豆，一年生草本。

【主要特征特性】无限型结荚习性，蔓生，主茎明显。生育期4月中旬至10月中旬，花期8月中旬至10月上旬，花紫色、短花序，茸毛棕色、倾斜、密度中等，叶卵圆形，叶长5.7 cm、叶宽2.3 cm，荚褐色、弯镰形，荚长2.08 cm、宽0.40 cm，种皮黑色、有泥膜，种脐黑色，籽粒长椭圆形、无光泽，子叶黄色，百粒重约为0.80 g，籽粒蛋白质含量为47.89%、脂肪含量为14.55%，为高蛋白种质资源。田间表现为高抗花叶病毒、高抗霜霉病，抗虫。

【利用价值】可用于饲料、绿肥，作大豆起源和演化研究，或作育种亲本。

89. 桂野 22-089

【学名】Leguminosae（豆科）Papilionoideae（蝶形花亚科）*Glycine*（大豆属）*Glycine soja* Sieb. et Zucc.（野生大豆）

【采集地】广西壮族自治区桂林市全州县。

【类型】普通野生大豆，一年生草本。

【主要特征特性】无限型结荚习性，蔓生，主茎明显。生育期4月中旬至10月中旬，花期8月中旬至10月上旬，花浅紫色、中花序，茸毛棕色、紧贴、密度中等，叶披针形，叶长6.0 cm、叶宽2.5 cm，荚深褐色、弯镰形，荚长2.16 cm、宽0.47 cm，种皮黑色（黑花）、有泥膜，种脐黑色，籽粒长椭圆形、无光泽，子叶黄色，百粒重约为0.81 g，籽粒蛋白质含量为46.72%、脂肪含量为15.75%，为高蛋白种质资源。田间表现为高抗花叶病毒病，抗虫。

【利用价值】可用于饲料、绿肥，作大豆起源和演化研究，或作育种亲本。

90. 桂野 22-090

【学名】Leguminosae（豆科）Papilionoideae（蝶形花亚科）*Glycine*（大豆属）*Glycine soja* Sieb. et Zucc.（野生大豆）

【采集地】广西壮族自治区桂林市全州县。

【类型】普通野生大豆，一年生草本。

【主要特征特性】无限型结荚习性，蔓生，主茎明显。生育期 4 月中旬至 10 月中旬，花期 9 月上旬至 10 月上旬，花紫色、短花序，茸毛棕色、倾斜、密度中等，叶卵圆形，叶长 7.3 cm、叶宽 3.8 cm，荚深褐色、弯镰形，荚长 1.92 cm、宽 0.37 cm，种皮黑色（黑斑）、有泥膜，种脐黑色，籽粒长椭圆形、无光泽，子叶黄色，百粒重约为 1.01 g，籽粒蛋白质含量为 49.85%、脂肪含量为 14.77%，为高蛋白种质资源。田间表现为高抗花叶病毒病，抗虫。

【利用价值】可用于饲料、绿肥，作大豆起源和演化研究，或作育种亲本。

91. 桂野 22-091

【学名】Leguminosae（豆科）Papilionoideae（蝶形花亚科）*Glycine*（大豆属）*Glycine soja* Sieb. et Zucc.（野生大豆）

【采集地】广西壮族自治区桂林市全州县。

【类型】普通野生大豆，一年生草本。

【主要特征特性】无限型结荚习性，蔓生，主茎明显。生育期 4 月中旬至 10 月中旬，花期 8 月下旬至 10 月上旬，花紫色、中花序，茸毛棕色、倾斜、密度中等，叶卵圆形，叶长 7.5 cm、叶宽 3.7 cm，荚褐色、弯镰形，荚长 1.81 cm、宽 0.38 cm，种皮黑色、有泥膜，种脐黑色，籽粒长椭圆形、无光泽，子叶黄色，百粒重约为 0.85 g，籽粒蛋白质含量为 48.07%、脂肪含量为 14.35%，为高蛋白种质资源。田间表现为高抗花叶病毒、高抗霜霉病，抗虫。

【利用价值】可用于饲料、绿肥，作大豆起源和演化研究，或作育种亲本。

92. 桂野 22-092

【学名】Leguminosae（豆科）Papilionoideae（蝶形花亚科）*Glycine*（大豆属）*Glycine soja* Sieb. et Zucc.（野生大豆）

【采集地】广西壮族自治区桂林市全州县。

【类型】普通野生大豆，一年生草本。

【主要特征特性】无限型结荚习性，蔓生，主茎明显。生育期4月中旬至10月中旬，花期8月中旬至10月上旬，花紫色、短花序，茸毛棕色、倾斜、密度中等，叶卵圆形，叶长5.7 cm、叶宽2.3 cm，荚褐色、弯镰形，荚长1.84 cm、宽0.38 cm，种皮黑色（黑斑）、有泥膜，种脐黑色，籽粒长椭圆形、无光泽，子叶黄色，百粒重约为1.02 g，籽粒蛋白质含量为45.64%、脂肪含量为16.49%，为高蛋白种质资源。田间表现为高抗花叶病毒、高抗霜霉病，抗虫。

【利用价值】可用于饲料、绿肥，作大豆起源和演化研究，或作育种亲本。

93. 桂野 22-093

【学名】Leguminosae（豆科）Papilionoideae（蝶形花亚科）*Glycine*（大豆属）*Glycine soja* Sieb. et Zucc.（野生大豆）

【采集地】广西壮族自治区桂林市灌阳县。

【类型】普通野生大豆，一年生草本。

【主要特征特性】无限型结荚习性，蔓生，主茎明显。生育期 4 月中旬至 10 月中旬，花期 8 月下旬至 10 月上旬，花浅紫色、中花序，茸毛棕色、紧贴、密度稀，叶卵圆形，叶长 5.3 cm、叶宽 3.0 cm，荚褐色、弯镰形，荚长 2.06 cm、宽 0.41 cm，种皮黑色（黑花）、有泥膜，种脐黑色，籽粒长椭圆形、无光泽，子叶黄色，百粒重约为 1.02 g，籽粒蛋白质含量为 49.29%、脂肪含量为 14.61%，为高蛋白种质资源。田间表现为高抗霜霉病，抗虫。

【利用价值】可用于饲料、绿肥，作大豆起源和演化研究，或作育种亲本。

94. 桂野 22-094

【学名】Leguminosae（豆科）Papilionoideae（蝶形花亚科）*Glycine*（大豆属）*Glycine soja* Sieb. et Zucc.（野生大豆）

【采集地】广西壮族自治区桂林市灌阳县。

【类型】普通野生大豆，一年生草本。

【主要特征特性】无限型结荚习性，蔓生，主茎明显。生育期4月中旬至10月中旬，花期8月中旬至10月上旬，花浅紫色、短花序，茸毛棕色、紧贴、密度稀，叶卵圆形，叶长4.9 cm、叶宽3.0 cm，荚褐色、弯镰形，荚长1.96 cm、宽0.38 cm，种皮黑色（黑斑）、有泥膜，种脐黑色，籽粒长椭圆形、无光泽，子叶黄色，百粒重约为0.98 g，籽粒蛋白质含量为50.02%、脂肪含量为14.05%，为高蛋白种质资源。田间表现为高抗霜霉病，抗虫。

【利用价值】可用于饲料、绿肥，作大豆起源和演化研究，或作育种亲本。

95. 桂野 22-095

【学名】Leguminosae（豆科）Papilionoideae（蝶形花亚科）*Glycine*（大豆属）*Glycine soja* Sieb. et Zucc.（野生大豆）

【采集地】广西壮族自治区桂林市灌阳县。

【类型】普通野生大豆，一年生草本。

【主要特征特性】无限型结荚习性，蔓生，主茎明显。生育期4月中旬至10月中旬，花期8月中旬至10月上旬，花紫色、短花序，茸毛棕色、紧贴、密度稀，叶卵圆形，叶长5.0 cm、叶宽2.3 cm，荚深褐色、弯镰形，荚长2.06 cm、宽0.43 cm，种皮黑色（黑花）、有泥膜，种脐黑色，籽粒长椭圆形、无光泽，子叶黄色，百粒重约为1.08 g，籽粒蛋白质含量为48.58%、脂肪含量为15.36%，为高蛋白种质资源。田间表现为高抗霜霉病，抗虫。

【利用价值】可用于饲料、绿肥，作大豆起源和演化研究，或作育种亲本。

96. 桂野 22-096

【学名】Leguminosae（豆科）Papilionoideae（蝶形花亚科）*Glycine*（大豆属）*Glycine soja* Sieb. et Zucc.（野生大豆）

【采集地】广西壮族自治区桂林市灌阳县。

【类型】普通野生大豆，一年生草本。

【主要特征特性】无限型结荚习性，蔓生，主茎明显。生育期4月中旬至10月中旬，花期8月中旬至10月上旬，花紫色、短花序，茸毛棕色、紧贴、密度稀，叶卵圆形，叶长4.9 cm、叶宽2.3 cm，荚褐色、弯镰形，荚长2.09 cm、宽0.47 cm，种皮黑色（黑花）、有泥膜，种脐黑色，籽粒长椭圆形、无光泽，子叶黄色，百粒重约为1.04 g，籽粒蛋白质含量为46.44%、脂肪含量为15.68%，为高蛋白种质资源。田间表现为高抗霜霉病，抗虫。

【利用价值】可用于饲料、绿肥，作大豆起源和演化研究，或作育种亲本。

97. 桂野 22-097

【学名】Leguminosae（豆科）Papilionoideae（蝶形花亚科）*Glycine*（大豆属）*Glycine soja* Sieb. et Zucc.（野生大豆）

【采集地】广西壮族自治区桂林市灌阳县。

【类型】普通野生大豆，一年生草本。

【主要特征特性】无限型结荚习性，蔓生，主茎明显。生育期 4 月中旬至 10 月中旬，花期 8 月下旬至 10 月上旬，花浅紫色、短花序，茸毛棕色、紧贴、密度稀，叶卵圆形，叶长 5.3 cm、叶宽 2.7 cm，荚深褐色、弯镰形，荚长 2.07 cm、宽 0.42 cm，种皮黑色（黑斑）、有泥膜，种脐黑色，籽粒长椭圆形、无光泽，子叶黄色，百粒重约为 1.04 g，籽粒蛋白质含量为 47.19%、脂肪含量为 16.33%，为高蛋白种质资源。田间表现为抗虫。

【利用价值】可用于饲料、绿肥，作大豆起源和演化研究，或作育种亲本。

98. 桂野 22-098

【学名】Leguminosae（豆科）Papilionoideae（蝶形花亚科）*Glycine*（大豆属）*Glycine soja* Sieb. et Zucc.（野生大豆）

【采集地】广西壮族自治区桂林市灌阳县。

【类型】普通野生大豆，一年生草本。

【主要特征特性】无限型结荚习性，蔓生，主茎明显。生育期 4 月中旬至 10 月中旬，花期 8 月中旬至 10 月上旬，花浅紫色、短花序，茸毛棕色、紧贴、密度稀，叶披针形，叶长 5.5 cm、叶宽 1.8 cm，荚褐色、弯镰形，荚长 1.96 cm、宽 0.44 cm，种皮黑色、有泥膜，种脐黑色，籽粒长椭圆形、无光泽，子叶黄色，百粒重约为 0.97 g，籽粒蛋白质含量为 46.90%、脂肪含量为 15.95%，为高蛋白种质资源。田间表现为高抗霜霉病，抗虫。

【利用价值】可用于饲料、绿肥，作大豆起源和演化研究，或作育种亲本。

99. 桂野 22-099

【学名】Leguminosae（豆科）Papilionoideae（蝶形花亚科）*Glycine*（大豆属）*Glycine soja* Sieb. et Zucc.（野生大豆）

【采集地】广西壮族自治区桂林市灌阳县。

【类型】普通野生大豆，一年生草本。

【主要特征特性】无限型结荚习性，蔓生，主茎明显。生育期4月中旬至10月中旬，花期9月上旬至10月上旬，花浅紫色、中花序、茸毛棕色、紧贴、密度稀，叶卵圆形，叶长5.1 cm、叶宽2.5 cm，荚黄褐色、弯镰形，荚长2.06 cm、宽0.42 cm，种皮黑色、有泥膜，种脐黑色，籽粒长椭圆形、无光泽，子叶黄色，百粒重约为1.07 g，籽粒蛋白质含量为45.89%、脂肪含量为16.13%，为高蛋白种质资源。田间表现为高抗霜霉病，抗虫。

【利用价值】可用于饲料、绿肥，作大豆起源和演化研究，或作育种亲本。

100. 桂野 22-100

【学名】Leguminosae（豆科）Papilionoideae（蝶形花亚科）*Glycine*（大豆属）*Glycine soja* Sieb. et Zucc.（野生大豆）

【采集地】广西壮族自治区桂林市灌阳县。

【类型】普通野生大豆，一年生草本。

【主要特征特性】无限型结荚习性，蔓生，主茎明显。生育期 4 月中旬至 10 月中旬，花期 8 月中旬至 10 月上旬，花紫色、短花序，茸毛棕色、紧贴、密度稀，叶卵圆形，叶长 10.8 cm、叶宽 4.4 cm，荚褐色、弯镰形，荚长 2.80 cm、宽 0.55 cm，种皮绿色、有泥膜，种脐黑色，籽粒长椭圆形、无光泽，子叶黄色，百粒重约为 1.12 g，籽粒蛋白质含量为 53.04%、脂肪含量为 14.19%，为高蛋白种质资源。田间表现为高抗花叶病毒、高抗霜霉病。

【利用价值】可用于饲料、绿肥，作大豆起源和演化研究，或作育种亲本。

101. 桂野 22-101

【学名】Leguminosae（豆科）Papilionoideae（蝶形花亚科）*Glycine*（大豆属）*Glycine soja* Sieb. et Zucc.（野生大豆）

【采集地】广西壮族自治区桂林市灌阳县。

【类型】普通野生大豆，一年生草本。

【主要特征特性】无限型结荚习性，蔓生，主茎明显。生育期4月中旬至10月中旬，花期8月下旬至10月上旬，花紫色、中花序，茸毛棕色、紧贴、密度稀，叶卵圆形，叶长6.2 cm、叶宽3.0 cm，荚深褐色、弯镰形，荚长2.01 cm、宽0.40 cm，种皮黑色、有泥膜，种脐黑色，籽粒长椭圆形、无光泽，子叶黄色，百粒重约为0.97 g，籽粒蛋白质含量为46.58%、脂肪含量为16.14%，为高蛋白种质资源。田间表现为高抗霜霉病，抗虫。

【利用价值】可用于饲料、绿肥，作大豆起源和演化研究，或作育种亲本。

102. 桂野 22-102

【学名】Leguminosae（豆科）Papilionoideae（蝶形花亚科）*Glycine*（大豆属）*Glycine soja* Sieb. et Zucc.（野生大豆）

【采集地】广西壮族自治区桂林市灌阳县。

【类型】普通野生大豆，一年生草本。

【主要特征特性】无限型结荚习性，蔓生，主茎明显。生育期 4 月中旬至 10 月中旬，花期 8 月中旬至 10 月上旬，花浅紫色、短花序、茸毛棕色、紧贴、密度稀，叶披针形，叶长 6.6 cm、叶宽 2.7 cm，荚深褐色、弯镰形，荚长 1.90 cm、宽 0.37 cm，种皮黑色（黑褐）、有泥膜，种脐黑色，籽粒椭圆形、无光泽，子叶黄色，百粒重约为 1.07 g，籽粒蛋白质含量为 49.27%、脂肪含量为 15.01%，为高蛋白种质资源。田间表现为高抗花叶病毒、高抗霜霉病。

【利用价值】可用于饲料、绿肥，作大豆起源和演化研究，或作育种亲本。

103. 桂野 22-103

【学名】Leguminosae（豆科）Papilionoideae（蝶形花亚科）*Glycine*（大豆属）*Glycine soja* Sieb. et Zucc.（野生大豆）

【采集地】广西壮族自治区桂林市灌阳县。

【类型】普通野生大豆，一年生草本。

【主要特征特性】无限型结荚习性，蔓生，主茎明显。生育期4月中旬至10月中旬，花期8月下旬至10月上旬，花浅紫色、短花序，茸毛棕色、紧贴、密度稀，叶披针形，叶长5.9 cm、叶宽2.2 cm，荚深褐色、弯镰形，荚长2.00 cm、宽0.40 cm，种皮黑色（黑褐）、有泥膜，种脐黑色，籽粒长椭圆形、无光泽，子叶黄色，百粒重约为1.10 g，籽粒蛋白质含量为48.07%、脂肪含量为15.45%，为高蛋白种质资源。

【利用价值】可用于饲料、绿肥，作大豆起源和演化研究，或作育种亲本。

104. 桂野 22-104

【学名】Leguminosae（豆科）Papilionoideae（蝶形花亚科）*Glycine*（大豆属）*Glycine soja* Sieb. et Zucc.（野生大豆）

【采集地】广西壮族自治区桂林市灌阳县。

【类型】普通野生大豆，一年生草本。

【主要特征特性】无限型结荚习性，蔓生，主茎明显。生育期4月中旬至10月中旬，花期8月中旬至10月上旬，花浅紫色、短花序，茸毛棕色、紧贴、密度稀，叶披针形，叶长6.4 cm、叶宽2.3 cm，荚褐色、弯镰形，荚长1.95 cm、宽0.42 cm，种皮黑色、有泥膜，种脐黑色，籽粒长椭圆形、无光泽，子叶黄色，百粒重约为1.08 g，籽粒蛋白质含量为49.76%、脂肪含量为14.49%，为高蛋白种质资源。田间表现为高抗霜霉病，抗虫。

【利用价值】可用于饲料、绿肥，作大豆起源和演化研究，或作育种亲本。

105. 桂野 22-105

【学名】Leguminosae（豆科）Papilionoideae（蝶形花亚科）*Glycine*（大豆属）*Glycine soja* Sieb. et Zucc.（野生大豆）

【采集地】广西壮族自治区桂林市灌阳县。

【类型】普通野生大豆，一年生草本。

【主要特征特性】无限型结荚习性，蔓生，主茎明显。生育期 4 月中旬至 10 月中旬，花期 8 月中旬至 10 月上旬，花浅紫色、中花序，茸毛棕色、紧贴、密度稀，叶披针形，叶长 6.4 cm、叶宽 2.2 cm，荚深褐色、弯镰形，荚长 1.97 cm、宽 0.42 cm，种皮黑色（黑花）、有泥膜，种脐黑色，籽粒长椭圆形、无光泽，子叶黄色，百粒重约为 1.01 g，籽粒蛋白质含量为 49.94%、脂肪含量为 14.77%，为高蛋白种质资源。田间表现为高抗霜霉病，抗虫。

【利用价值】可用于饲料、绿肥，作大豆起源和演化研究，或作育种亲本。

106. 桂野 22-106

【学名】Leguminosae（豆科）Papilionoideae（蝶形花亚科）*Glycine*（大豆属）*Glycine soja* Sieb. et Zucc.（野生大豆）

【采集地】广西壮族自治区桂林市灌阳县。

【类型】普通野生大豆，一年生草本。

【主要特征特性】无限型结荚习性，蔓生，主茎明显。生育期4月中旬至10月中旬，花期8月下旬至10月上旬，花浅紫色、中花序，茸毛棕色、紧贴、密度稀，叶披针形，叶长5.6 cm、叶宽1.8 cm，荚褐色、弯镰形，荚长1.89 cm、宽0.45 cm，种皮黑色（黑斑）、有泥膜，种脐黑色，籽粒长椭圆形、无光泽，子叶黄色，百粒重约为1.00 g，籽粒蛋白质含量为49.06%、脂肪含量为14.90%，为高蛋白种质资源。田间表现为高抗花叶病毒病。

【利用价值】可用于饲料、绿肥，作大豆起源和演化研究，或作育种亲本。

107. 桂野 22-107

【学名】Leguminosae（豆科）Papilionoideae（蝶形花亚科）*Glycine*（大豆属）*Glycine soja* Sieb. et Zucc.（野生大豆）

【采集地】广西壮族自治区桂林市灌阳县。

【类型】普通野生大豆，一年生草本。

【主要特征特性】无限型结荚习性，蔓生，主茎明显。生育期4月中旬至10月中旬，花期8月中旬至10月上旬，花浅紫色、短花序，茸毛棕色、紧贴、密度稀，叶披针形，叶长5.4 cm、叶宽1.9 cm，荚褐色、弯镰形，荚长1.89 cm、宽0.43 cm，种皮黑色（黑斑）、有泥膜，种脐黑色，籽粒长椭圆形、无光泽，子叶黄色，百粒重约为0.88 g，籽粒蛋白质含量为48.47%、脂肪含量为14.91%，为高蛋白种质资源。田间表现为高抗花叶病毒病，抗虫。

【利用价值】可用于饲料、绿肥，作大豆起源和演化研究，或作育种亲本。

108. 桂野 22-108

【学名】Leguminosae（豆科）Papilionoideae（蝶形花亚科）*Glycine*（大豆属）*Glycine soja* Sieb. et Zucc.（野生大豆）

【采集地】广西壮族自治区桂林市灌阳县。

【类型】普通野生大豆，一年生草本。

【主要特征特性】无限型结荚习性，蔓生，主茎明显。生育期 4 月中旬至 10 月中旬，花期 8 月中旬至 10 月上旬，花浅紫色、中花序，茸毛棕色、紧贴、密度稀，叶卵圆形，叶长 5.8 cm、叶宽 2.6 cm，荚深褐色、弯镰形，荚长 1.85 cm、宽 0.42 cm，种皮黑色、无泥膜，种脐黑色，籽粒长椭圆形、无光泽，子叶黄色，百粒重约为 0.90 g，籽粒蛋白质含量为 50.27%、脂肪含量为 14.33%，为高蛋白种质资源。田间表现为抗虫。

【利用价值】可用于饲料、绿肥，作大豆起源和演化研究，或作育种亲本。

109. 桂野 22-109

【学名】Leguminosae（豆科）Papilionoideae（蝶形花亚科）*Glycine*（大豆属）*Glycine soja* Sieb. et Zucc.（野生大豆）

【采集地】广西壮族自治区桂林市恭城瑶族自治县。

【类型】普通野生大豆，一年生草本。

【主要特征特性】无限型结荚习性，蔓生，主茎明显。生育期 4 月中旬至 10 月下旬，花期 8 月下旬至 10 月中旬，花紫色、短花序，茸毛棕色、紧贴、密度稀，叶卵圆形，叶长 5.3 cm、叶宽 2.1 cm，荚褐色、弯镰形，荚长 1.74 cm、宽 0.37 cm，种皮黑色、有泥膜，种脐黑色，籽粒椭圆形、无光泽，子叶黄色，百粒重约为 0.68 g，籽粒蛋白质含量为 49.51%、脂肪含量为 13.69%，为高蛋白种质资源。田间表现为高抗花叶病毒病。

【利用价值】可用于饲料、绿肥，作大豆起源和演化研究，或作育种亲本。

110. 桂野 22-110

【学名】Leguminosae（豆科）Papilionoideae（蝶形花亚科）*Glycine*（大豆属）*Glycine soja* Sieb. et Zucc.（野生大豆）

【采集地】广西壮族自治区桂林市恭城瑶族自治县。

【类型】普通野生大豆，一年生草本。

【主要特征特性】无限型结荚习性，蔓生，主茎明显。生育期 4 月中旬至 10 月下旬，花期 8 月下旬至 10 月中旬，花深紫色、短花序，茸毛棕色、紧贴、密度稀，叶卵圆形，叶长 4.7 cm、叶宽 2.0 cm，荚褐色、弯镰形，荚长 1.70 cm、宽 0.34 cm，种皮黑色、有泥膜，种脐黑色，籽粒长椭圆形、无光泽，子叶黄色，百粒重约为 0.67 g，籽粒蛋白质含量为 49.21%、脂肪含量为 14.32%，为高蛋白种质资源。田间表现为高抗花叶病毒、高抗霜霉病。

【利用价值】可用于饲料、绿肥，作大豆起源和演化研究，或作育种亲本。

111. 桂野 22-111

【学名】Leguminosae（豆科）Papilionoideae（蝶形花亚科）*Glycine*（大豆属）*Glycine soja* Sieb. et Zucc.（野生大豆）

【采集地】广西壮族自治区桂林市恭城瑶族自治县。

【类型】普通野生大豆，一年生草本。

【主要特征特性】无限型结荚习性，蔓生，主茎明显。生育期4月中旬至10月下旬，花期8月下旬至10月中旬，花深紫色、短花序，茸毛棕色、紧贴、密度稀，叶卵圆形，叶长5.0 cm、叶宽2.0 cm，荚褐色、弯镰形，荚长1.87 cm、宽0.39 cm，种皮黑色、有泥膜，种脐黑色，籽粒椭圆形、无光泽，子叶黄色，百粒重约为0.67 g，籽粒蛋白质含量为50.17%、脂肪含量为13.32%，为高蛋白种质资源。田间表现为高抗花叶病毒病。

【利用价值】可用于饲料、绿肥，作大豆起源和演化研究，或作育种亲本。

112. 桂野 22-112

【学名】Leguminosae（豆科）Papilionoideae（蝶形花亚科）*Glycine*（大豆属）*Glycine soja* Sieb. et Zucc.（野生大豆）

【采集地】广西壮族自治区桂林市恭城瑶族自治县。

【类型】普通野生大豆，一年生草本。

【主要特征特性】无限型结荚习性，蔓生，主茎明显。生育期 4 月中旬至 10 月下旬，花期 8 月下旬至 10 月中旬，花深紫色、短花序，茸毛棕色、紧贴、密度稀，叶卵圆形，叶长 4.8 cm、叶宽 1.8 cm，荚深褐色、弯镰形，荚长 1.73 cm、宽 0.33 cm，种皮黑色（黑斑）、有泥膜，种脐黑色，籽粒长椭圆形、无光泽，子叶黄色，百粒重约为 0.76 g，籽粒蛋白质含量为 49.03%、脂肪含量为 14.33%，为高蛋白种质资源。田间表现为高抗花叶病毒、高抗霜霉病。

【利用价值】可用于饲料、绿肥，作大豆起源和演化研究，或作育种亲本。

113. 桂野 22-113

【学名】Leguminosae（豆科）Papilionoideae（蝶形花亚科）*Glycine*（大豆属）*Glycine soja* Sieb. et Zucc.（野生大豆）

【采集地】广西壮族自治区桂林市恭城瑶族自治县。

【类型】普通野生大豆，一年生草本。

【主要特征特性】无限型结荚习性，蔓生，主茎明显。生育期 4 月中旬至 10 月下旬，花期 8 月下旬至 10 月中旬，花紫色、短花序，茸毛棕色、紧贴、密度稀，叶卵圆形，叶长 5.3 cm、叶宽 2.3 cm，荚深褐色、弯镰形，荚长 1.82 cm、宽 0.40 cm，种皮黑色（黑褐）、有泥膜，种脐黑色，籽粒长椭圆形、无光泽，子叶黄色，百粒重约为 0.70 g，籽粒蛋白质含量为 48.05%、脂肪含量为 15.12%，为高蛋白种质资源。田间表现为高抗花叶病毒、高抗霜霉病，抗虫。

【利用价值】可用于饲料、绿肥，作大豆起源和演化研究，或作育种亲本。

114. 桂野 22-114

【学名】Leguminosae（豆科）Papilionoideae（蝶形花亚科）*Glycine*（大豆属）*Glycine soja* Sieb. et Zucc.（野生大豆）

【采集地】广西壮族自治区桂林市恭城瑶族自治县。

【类型】普通野生大豆，一年生草本。

【主要特征特性】无限型结荚习性，蔓生，主茎明显。生育期 4 月中旬至 10 月下旬，花期 9 月上旬至 10 月中旬，花紫色、短花序，茸毛棕色、紧贴、密度稀，叶卵圆形，叶长 5.0 cm、叶宽 2.1 cm，荚褐色、弯镰形，荚长 1.85 cm、宽 0.36 cm，种皮黑色（黑褐）、有泥膜，种脐黑色，籽粒长椭圆形、无光泽，子叶黄色，百粒重约为 0.77 g，籽粒蛋白质含量为 49.63%、脂肪含量为 13.26%，为高蛋白种质资源。田间表现为高抗花叶病毒、高抗霜霉病，抗虫。

【利用价值】可用于饲料、绿肥，作大豆起源和演化研究，或作育种亲本。

115. 桂野 22-115

【学名】Leguminosae（豆科）Papilionoideae（蝶形花亚科）*Glycine*（大豆属）*Glycine soja* Sieb. et Zucc.（野生大豆）

【采集地】广西壮族自治区桂林市恭城瑶族自治县。

【类型】普通野生大豆，一年生草本。

【主要特征特性】无限型结荚习性，蔓生，主茎明显。生育期4月中旬至10月下旬，花期9月上旬至10月中旬，花浅紫色、短花序，茸毛棕色、紧贴、密度稀，叶卵圆形，叶长5.5 cm、叶宽2.3 cm，荚褐色、弯镰形，荚长1.80 cm、宽0.32 cm，种皮黑色（黑褐）、有泥膜，种脐黑色，籽粒长椭圆形、无光泽，子叶黄色，百粒重约为0.72 g，籽粒蛋白质含量为51.07%、脂肪含量为13.44%，为高蛋白种质资源。田间表现为高抗花叶病毒病，抗虫。

【利用价值】可用于饲料、绿肥，作大豆起源和演化研究，或作育种亲本。

116. 桂野 22-116

【学名】Leguminosae（豆科）Papilionoideae（蝶形花亚科）*Glycine*（大豆属）*Glycine soja* Sieb. et Zucc.（野生大豆）

【采集地】广西壮族自治区桂林市恭城瑶族自治县。

【类型】普通野生大豆，一年生草本。

【主要特征特性】无限型结荚习性，蔓生，主茎明显。生育期 4 月中旬至 10 月下旬，花期 9 月上旬至 10 月中旬，花浅紫色、短花序，茸毛棕色、紧贴、密度稀，叶卵圆形，叶长 5.9 cm、叶宽 2.3 cm，荚褐色、弯镰形，荚长 1.98 cm、宽 0.41 cm，种皮黑色、有泥膜，种脐黑色，籽粒椭圆形、无光泽，子叶黄色，百粒重约为 0.92 g，籽粒蛋白质含量为 46.80%、脂肪含量为 14.29%，为高蛋白种质资源。田间表现为高抗花叶病毒、高抗霜霉病，抗虫。

【利用价值】可用于饲料、绿肥，作大豆起源和演化研究，或作育种亲本。

117. 桂野 22-117

【学名】Leguminosae（豆科）Papilionoideae（蝶形花亚科）*Glycine*（大豆属）*Glycine soja* Sieb. et Zucc.（野生大豆）

【采集地】广西壮族自治区桂林市恭城瑶族自治县。

【类型】普通野生大豆，一年生草本。

【主要特征特性】无限型结荚习性，蔓生，主茎明显。生育期 4 月中旬至 10 月下旬，花期 8 月下旬至 10 月中旬，花浅紫色、短花序，茸毛棕色、紧贴、密度稀，叶披针形，叶长 6.6 cm、叶宽 2.2 cm，荚褐色、弯镰形，荚长 2.07 cm、宽 0.42 cm，种皮黑色（黑斑）、有泥膜，种脐黑色，籽粒长椭圆形、无光泽，子叶黄色，百粒重约为 0.79 g，籽粒蛋白质含量为 48.55%、脂肪含量为 13.25%，为高蛋白种质资源。田间表现为高抗花叶病毒、高抗霜霉病。

【利用价值】可用于饲料、绿肥，作大豆起源和演化研究，或作育种亲本。

118. 桂野 22-118

【学名】Leguminosae（豆科）Papilionoideae（蝶形花亚科）*Glycine*（大豆属）*Glycine soja* Sieb. et Zucc.（野生大豆）

【采集地】广西壮族自治区桂林市恭城瑶族自治县。

【类型】普通野生大豆，一年生草本。

【主要特征特性】无限型结荚习性，蔓生，主茎明显。生育期 4 月中旬至 10 月中旬，花期 8 月下旬至 10 月上旬，花紫色、短花序，茸毛棕色、紧贴、密度稀，叶卵圆形，叶长 6.9 cm、叶宽 2.8 cm，荚褐色、弯镰形，荚长 1.99 cm、宽 0.38 cm，种皮黑色（黑花）、有泥膜，种脐黑色，籽粒长椭圆形、无光泽，子叶黄色，百粒重约为 0.89 g，籽粒蛋白质含量为 45.17%、脂肪含量为 16.29%，为高蛋白种质资源。田间表现为高抗花叶病毒、高抗霜霉病。

【利用价值】可用于饲料、绿肥，作大豆起源和演化研究，或作育种亲本。

119. 桂野 22-119

【学名】Leguminosae（豆科）Papilionoideae（蝶形花亚科）*Glycine*（大豆属）*Glycine soja* Sieb. et Zucc.（野生大豆）

【采集地】广西壮族自治区桂林市恭城瑶族自治县。

【类型】普通野生大豆，一年生草本。

【主要特征特性】无限型结荚习性，蔓生，主茎明显。生育期 4 月中旬至 10 月下旬，花期 8 月下旬至 10 月中旬，花紫色、短花序，茸毛棕色、紧贴、密度稀，叶卵圆形，叶长 5.4 cm、叶宽 2.8 cm，荚褐色、弯镰形，荚长 2.03 cm、宽 0.41 cm，种皮黑色（黑花）、有泥膜，种脐黑色，籽粒长椭圆形、无光泽，子叶黄色，百粒重约为 0.97 g，籽粒蛋白质含量为 50.45%、脂肪含量为 12.99%，为高蛋白种质资源。田间表现为高抗花叶病毒、高抗霜霉病，抗虫。

【利用价值】可用于饲料、绿肥，作大豆起源和演化研究，或作育种亲本。

120. 桂野 22-120

【学名】Leguminosae（豆科）Papilionoideae（蝶形花亚科）*Glycine*（大豆属）*Glycine soja* Sieb. et Zucc.（野生大豆）

【采集地】广西壮族自治区桂林市恭城瑶族自治县。

【类型】普通野生大豆，一年生草本。

【主要特征特性】无限型结荚习性，蔓生，主茎明显。生育期4月中旬至10月下旬，花期8月下旬至10月中旬，花紫色、中花序、茸毛棕色、紧贴、密度稀，叶卵圆形，叶长7.1 cm、叶宽2.9 cm，荚深褐色、弯镰形，荚长2.02 cm、宽0.38 cm，种皮黑色（黑花）、有泥膜，种脐黑色，籽粒长椭圆形、无光泽，子叶黄色，百粒重约为0.75 g，籽粒蛋白质含量为50.09%、脂肪含量为12.36%，为高蛋白种质资源。田间表现为高抗花叶病毒、高抗霜霉病。

【利用价值】可用于饲料、绿肥，作大豆起源和演化研究，或作育种亲本。

121. 桂野 22-121

【学名】Leguminosae（豆科）Papilionoideae（蝶形花亚科）*Glycine*（大豆属）*Glycine soja* Sieb. et Zucc.（野生大豆）

【采集地】广西壮族自治区桂林市恭城瑶族自治县。

【类型】普通野生大豆，一年生草本。

【主要特征特性】无限型结荚习性，蔓生，主茎明显。生育期4月中旬至10月下旬，花期8月下旬至10月中旬，花深紫色、中花序，茸毛棕色、紧贴、密度稀，叶卵圆形，叶长5.3 cm、叶宽2.5 cm，荚褐色、弯镰形，荚长2.02 cm、宽0.42 cm，种皮黑色（黑花）、有泥膜，种脐黑色，籽粒长椭圆形、无光泽，子叶黄色，百粒重约为0.86 g，籽粒蛋白质含量为46.48%、脂肪含量为14.94%，为高蛋白种质资源。田间表现为高抗花叶病毒、高抗霜霉病，抗虫。

【利用价值】可用于饲料、绿肥，作大豆起源和演化研究，或作育种亲本。

122. 桂野 22-122

【学名】Leguminosae（豆科）Papilionoideae（蝶形花亚科）*Glycine*（大豆属）*Glycine soja* Sieb. et Zucc.（野生大豆）

【采集地】广西壮族自治区桂林市恭城瑶族自治县。

【类型】普通野生大豆，一年生草本。

【主要特征特性】无限型结荚习性，蔓生，主茎明显。生育期 4 月中旬至 10 月下旬，花期 8 月下旬至 10 月中旬，花紫色、中花序，茸毛棕色、紧贴、密度稀，叶卵圆形，叶长 5.3 cm、叶宽 2.6 cm，荚深深色、弯镰形，荚长 1.69 cm、宽 0.38 cm，种皮黑色（黑花）、有泥膜，种脐黑色，籽粒长椭圆形、无光泽，子叶黄色，百粒重约为 1.02 g，籽粒蛋白质含量为 42.16%、脂肪含量为 18.74%。田间表现为高抗花叶病毒、高抗霜霉病。

【利用价值】可用于饲料、绿肥，作大豆起源和演化研究，或作育种亲本。

123. 桂野 22-123

【学名】Leguminosae（豆科）Papilionoideae（蝶形花亚科）*Glycine*（大豆属）*Glycine soja* Sieb. et Zucc.（野生大豆）

【采集地】广西壮族自治区桂林市恭城瑶族自治县。

【类型】普通野生大豆，一年生草本。

【主要特征特性】无限型结荚习性，蔓生，主茎明显。生育期4月中旬至10月中旬，花期8月下旬至10月上旬，花浅紫色、短花序，茸毛棕色、紧贴、密度稀，叶卵圆形，叶长5.7 cm、叶宽2.4 cm，荚深褐色、弯镰形，荚长1.91 cm、宽0.39 cm，种皮黑色（黑褐）、有泥膜，种脐黑色，籽粒长椭圆形、无光泽，子叶黄色，百粒重约为0.77 g，籽粒蛋白质含量为47.12%、脂肪含量为14.01%，为高蛋白种质资源。田间表现为高抗花叶病毒、高抗霜霉病。

【利用价值】可用于饲料、绿肥，作大豆起源和演化研究，或作育种亲本。

124. 桂野 22-124

【学名】Leguminosae（豆科）Papilionoideae（蝶形花亚科）*Glycine*（大豆属）*Glycine soja* Sieb. et Zucc.（野生大豆）

【采集地】广西壮族自治区桂林市恭城瑶族自治县。

【类型】狭叶野生大豆，一年生草本。

【主要特征特性】无限型结荚习性，蔓生，主茎明显。生育期 4 月中旬至 10 月中旬，花期 9 月上旬至 10 月上旬，花浅紫色、短花序，茸毛棕色、紧贴、密度稀，叶披针形（线形），叶长 6.6 cm、叶宽 2.0 cm，荚深褐色、弯镰形，荚长 1.83 cm、宽 0.37 cm，种皮黑色、有泥膜，种脐黑色，籽粒长椭圆形、无光泽，子叶黄色，百粒重约为 0.73 g，籽粒蛋白质含量为 46.62%、脂肪含量为 14.78%，为高蛋白种质资源。田间表现为高抗花叶病毒、高抗霜霉病，抗虫。

【利用价值】可用于饲料、绿肥，作大豆起源和演化研究，或作育种亲本。

125. 桂野 22-125

【学名】Leguminosae（豆科）Papilionoideae（蝶形花亚科）*Glycine*（大豆属）*Glycine soja* Sieb. et Zucc.（野生大豆）

【采集地】广西壮族自治区桂林市恭城瑶族自治县。

【类型】普通野生大豆，一年生草本。

【主要特征特性】无限型结荚习性，蔓生，主茎明显。生育期 4 月中旬至 10 月中旬，花期 9 月上旬至 10 月上旬，花浅紫色、短花序，茸毛棕色、紧贴、密度稀，叶卵圆形，叶长 6.4 cm、叶宽 2.5 cm，荚深褐色，弯镰形，荚长 1.67 cm、宽 0.38 cm，种皮黑色（黑斑）、有泥膜，种脐黑色，籽粒长椭圆形、无光泽，子叶黄色，百粒重约为 0.69 g，籽粒蛋白质含量为 47.23%、脂肪含量为 16.25%，为高蛋白种质资源。田间表现为高抗花叶病毒、高抗霜霉病，抗虫。

【利用价值】可用于饲料、绿肥，作大豆起源和演化研究，或作育种亲本。

126. 桂野 22-126

【学名】Leguminosae（豆科）Papilionoideae（蝶形花亚科）*Glycine*（大豆属）*Glycine soja* Sieb. et Zucc.（野生大豆）

【采集地】广西壮族自治区桂林市恭城瑶族自治县。

【类型】普通野生大豆，一年生草本。

【主要特征特性】无限型结荚习性，蔓生，主茎明显。生育期4月中旬至10月中旬，花期9月上旬至10月上旬，花浅紫色、短花序，茸毛棕色、紧贴、密度稀，叶卵圆形，叶长5.7 cm、叶宽2.2 cm，荚深褐色，弯镰形，荚长1.93 cm、宽0.36 cm，种皮黑色、有泥膜，种脐黑色，籽粒长椭圆形、无光泽，子叶黄色，百粒重约为0.78 g，籽粒蛋白质含量为45.82%、脂肪含量为14.72%，为高蛋白种质资源。田间表现为高抗花叶病毒病，抗虫。

【利用价值】可用于饲料、绿肥，作大豆起源和演化研究，或作育种亲本。

127. 桂野 22-127

【学名】Leguminosae（豆科）Papilionoideae（蝶形花亚科）*Glycine*（大豆属）*Glycine soja* Sieb. et Zucc.（野生大豆）

【采集地】广西壮族自治区桂林市平乐县。

【类型】普通野生大豆，一年生草本。

【主要特征特性】无限型结荚习性，蔓生，主茎明显。生育期 4 月中旬至 10 月中旬，花期 8 月下旬至 10 月上旬，花深紫色、短花序，茸毛棕色、紧贴、密度稀，叶卵圆形，叶长 8.2 cm、叶宽 3.1 cm，荚褐色、弯镰形，荚长 1.94 cm、宽 0.38 cm，种皮黑色（黑斑）、有泥膜，种脐黑色，籽粒长椭圆形、无光泽，子叶黄色，百粒重约为 0.71 g，籽粒蛋白质含量为 49.15%、脂肪含量为 14.36%，为高蛋白种质资源。田间表现为高抗花叶病毒、高抗霜霉病，抗虫。

【利用价值】可用于饲料、绿肥，作大豆起源和演化研究，或作育种亲本。

128. 桂野 22-128

【学名】Leguminosae（豆科）Papilionoideae（蝶形花亚科）*Glycine*（大豆属）*Glycine soja* Sieb. et Zucc.（野生大豆）

【采集地】广西壮族自治区桂林市平乐县。

【类型】普通野生大豆，一年生草本。

【主要特征特性】无限型结荚习性，蔓生，主茎明显。生育期4月中旬至10月下旬，花期8月下旬至10月中旬，花浅紫色、中花序，茸毛棕色、紧贴、密度稀，叶卵圆形，叶长7.5 cm、叶宽2.9 cm，荚深褐色、弯镰形，荚长1.93 cm、宽0.41 cm，种皮黑色、有泥膜，种脐黑色，籽粒椭圆形、无光泽，子叶黄色，百粒重约为0.68 g，籽粒蛋白质含量为49.35%、脂肪含量为13.08%，为高蛋白种质资源。田间表现为高抗花叶病毒、高抗霜霉病，抗虫。

【利用价值】可用于饲料、绿肥，作大豆起源和演化研究，或作育种亲本。

129. 桂野 22-129

【学名】Leguminosae（豆科）Papilionoideae（蝶形花亚科）*Glycine*（大豆属）*Glycine soja* Sieb. et Zucc.（野生大豆）

【采集地】广西壮族自治区桂林市平乐县。

【类型】普通野生大豆，一年生草本。

【主要特征特性】无限型结荚习性，蔓生，主茎明显。生育期4月中旬至10月下旬，花期8月中旬至10月中旬，花浅紫色、短花序，茸毛棕色、紧贴、密度稀，叶卵圆形，叶长8.7 cm、叶宽3.2 cm，荚深褐色、弯镰形，荚长2.00 cm、宽0.43 cm，种皮黑色、有泥膜，种脐黑色，籽粒椭圆形、无光泽，子叶黄色，百粒重约为0.80 g，籽粒蛋白质含量为48.98%、脂肪含量为13.47%，为高蛋白种质资源。田间表现为高抗花叶病毒、高抗霜霉病，抗虫。

【利用价值】可用于饲料、绿肥，作大豆起源和演化研究，或作育种亲本。

130. 桂野 22-130

【学名】Leguminosae（豆科）Papilionoideae（蝶形花亚科）*Glycine*（大豆属）*Glycine soja* Sieb. et Zucc.（野生大豆）

【采集地】广西壮族自治区桂林市平乐县。

【类型】普通野生大豆，一年生草本。

【主要特征特性】无限型结荚习性，蔓生，主茎明显。生育期 4 月中旬至 10 月中旬，花期 8 月下旬至 10 月上旬，花紫色、短花序，茸毛棕色、紧贴、密度稀，叶披针形，叶长 6.7 cm、叶宽 2.4 cm，荚深褐色、弯镰形，荚长 1.92 cm、宽 0.41 cm，种皮黑色（黑花）、有泥膜，种脐黑色，籽粒椭圆形、无光泽，子叶黄色，百粒重约为 0.55 g，籽粒蛋白质含量为 49.01%、脂肪含量为 13.28%，为高蛋白种质资源。田间表现为高抗花叶病毒、高抗霜霉病。

【利用价值】可用于饲料、绿肥，作大豆起源和演化研究，或作育种亲本。

131. 桂野 22-131

【学名】Leguminosae（豆科）Papilionoideae（蝶形花亚科）*Glycine*（大豆属）*Glycine soja* Sieb. et Zucc.（野生大豆）

【采集地】广西壮族自治区桂林市平乐县。

【类型】普通野生大豆，一年生草本。

【主要特征特性】无限型结荚习性，蔓生，主茎明显。生育期4月中旬至10月中旬，花期8月下旬至10月上旬，花紫色、短花序，茸毛棕色、紧贴、密度稀，叶披针形，叶长7.3 cm、叶宽2.8 cm，荚褐色、弯镰形，荚长1.88 cm、宽0.41 cm，种皮黑色（黑斑）、有泥膜，种脐黑色，籽粒椭圆形、无光泽，子叶黄色，百粒重约为0.76 g，籽粒蛋白质含量为47.53%、脂肪含量为14.40%，为高蛋白种质资源。田间表现为高抗花叶病毒、高抗霜霉病。

【利用价值】可用于饲料、绿肥，作大豆起源和演化研究，或作育种亲本。

132. 桂野 22-132

【学名】Leguminosae（豆科）Papilionoideae（蝶形花亚科）*Glycine*（大豆属）*Glycine soja* Sieb. et Zucc.（野生大豆）

【采集地】广西壮族自治区桂林市平乐县。

【类型】普通野生大豆，一年生草本。

【主要特征特性】无限型结荚习性，蔓生，主茎明显。生育期 4 月中旬至 10 月中旬，花期 8 月下旬至 10 月上旬，花紫色、短花序，茸毛棕色、紧贴、密度稀，叶卵圆形，叶长 7.0 cm、叶宽 2.9 cm，荚深褐色、弯镰形，荚长 2.14 cm、宽 0.42 cm，种皮黑色（黑斑）、有泥膜，种脐黑色，籽粒椭圆形、无光泽，子叶黄色，百粒重约为 0.61 g，籽粒蛋白质含量为 43.92%、脂肪含量为 17.75%。田间表现为高抗花叶病毒、高抗霜霉病，抗虫。

【利用价值】可用于饲料、绿肥，作大豆起源和演化研究，或作育种亲本。

133. 桂野 22-133

【学名】Leguminosae（豆科）Papilionoideae（蝶形花亚科）*Glycine*（大豆属）*Glycine soja* Sieb. et Zucc.（野生大豆）

【采集地】广西壮族自治区桂林市平乐县。

【类型】普通野生大豆，一年生草本。

【主要特征特性】无限型结荚习性，蔓生，主茎明显。生育期4月中旬至10月中旬，花期8月下旬至10月上旬，花浅紫色、短花序，茸毛棕色、紧贴、密度稀，叶卵圆形，叶长5.7 cm、叶宽2.4 cm，荚深褐色、弯镰形，荚长1.99 cm、宽0.44 cm，种皮黑色、有泥膜，种脐黑色，籽粒椭圆形、无光泽，子叶黄色，百粒重约为0.68 g，籽粒蛋白质含量为47.26%、脂肪含量为15.01%，为高蛋白种质资源。田间表现为高抗花叶病毒、高抗霜霉病。

【利用价值】可用于饲料、绿肥，作大豆起源和演化研究，或作育种亲本。

134. 桂野 22-134

【学名】Leguminosae（豆科）Papilionoideae（蝶形花亚科）*Glycine*（大豆属）*Glycine soja* Sieb. et Zucc.（野生大豆）

【采集地】广西壮族自治区桂林市平乐县。

【类型】普通野生大豆，一年生草本。

【主要特征特性】无限型结荚习性，蔓生，主茎明显。生育期4月中旬至10月中旬，花期8月下旬至10月上旬，花浅紫色、短花序，茸毛棕色、紧贴、密度稀，叶披针形，叶长6.3 cm、叶宽2.3 cm，荚黄褐色、弯镰形，荚长2.08 cm、宽0.43 cm，种皮黑色、有泥膜，种脐黑色，籽粒椭圆形、无光泽，子叶黄色，百粒重约为0.60 g，籽粒蛋白质含量为47.63%、脂肪含量为14.56%，为高蛋白种质资源。田间表现为高抗花叶病毒病，抗虫。

【利用价值】可用于饲料、绿肥，作大豆起源和演化研究，或作育种亲本。

135. 桂野 22-135

【学名】Leguminosae（豆科）Papilionoideae（蝶形花亚科）Glycine（大豆属）Glycine soja Sieb. et Zucc.（野生大豆）

【采集地】广西壮族自治区桂林市荔浦县。

【类型】普通野生大豆，一年生草本。

【主要特征特性】无限型结荚习性，蔓生，主茎明显。生育期 4 月中旬至 10 月下旬，花期 9 月上旬至 10 月中旬，花紫色、中花序，茸毛棕色、倾斜、密度中等，叶卵圆形，叶长 6.2 cm、叶宽 2.6 cm，荚褐色、弯镰形，荚长 2.14 cm、宽 0.44 cm，种皮黑色（黑斑）、有泥膜，种脐黑色，籽粒长椭圆形、无光泽，子叶黄色，百粒重约为 0.99 g，籽粒蛋白质含量为 49.38%、脂肪含量为 12.98%，为高蛋白种质资源。田间表现为高抗花叶病毒、高抗霜霉病，抗虫。

【利用价值】可用于饲料、绿肥，作大豆起源和演化研究，或作育种亲本。

136. 桂野 22-136

【学名】Leguminosae（豆科）Papilionoideae（蝶形花亚科）*Glycine*（大豆属）*Glycine soja* Sieb. et Zucc.（野生大豆）

【采集地】广西壮族自治区桂林市荔浦县。

【类型】普通野生大豆，一年生草本。

【主要特征特性】无限型结荚习性，蔓生，主茎明显。生育期 4 月中旬至 10 月下旬，花期 9 月上旬至 10 月中旬，花浅紫色、中花序，茸毛棕色、紧贴、密度稀，叶披针形，叶长 5.9 cm、叶宽 1.8 cm，荚深褐色、弯镰形，荚长 1.97 cm、宽 0.38 cm，种皮黑色（黑斑）、有泥膜，种脐黑色，籽粒长椭圆形、无光泽，子叶黄色，百粒重约为 0.89 g，籽粒蛋白质含量为 48.43%、脂肪含量为 13.56%，为高蛋白种质资源。田间表现为高抗花叶病毒、高抗霜霉病，抗虫。

【利用价值】可用于饲料、绿肥，作大豆起源和演化研究，或作育种亲本。

137. 桂野 22-137

【学名】Leguminosae（豆科）Papilionoideae（蝶形花亚科）*Glycine*（大豆属）*Glycine soja* Sieb. et Zucc.（野生大豆）

【采集地】广西壮族自治区桂林市荔浦县。

【类型】普通野生大豆，一年生草本。

【主要特征特性】无限型结荚习性，蔓生，主茎明显。生育期4月中旬至10月中旬，花期9月上旬至10月中旬，花浅紫色、短花序，茸毛棕色、紧贴、密度稀，叶披针形，叶长5.8 cm、叶宽1.8 cm，荚深褐色、弯镰形，荚长1.94 cm、宽0.39 cm，种皮黑色（黑褐）、有泥膜，种脐黑色，籽粒长椭圆形、无光泽，子叶黄色，百粒重约为0.84 g，籽粒蛋白质含量为48.81%、脂肪含量为14.25%，为高蛋白种质资源。田间表现为高抗花叶病毒病。

【利用价值】可用于饲料、绿肥，作大豆起源和演化研究，或作育种亲本。

138. 桂野 22-138

【学名】Leguminosae（豆科）Papilionoideae（蝶形花亚科）*Glycine*（大豆属）*Glycine soja* Sieb. et Zucc.（野生大豆）

【采集地】广西壮族自治区桂林市荔浦县。

【类型】普通野生大豆，一年生草本。

【主要特征特性】无限型结荚习性，蔓生，主茎明显。生育期 4 月中旬至 10 月下旬，花期 9 月上旬至 10 月中旬，花浅紫色、短花序，茸毛棕色、紧贴、密度稀，叶卵圆形，叶长 5.9 cm、叶宽 2.0 cm，荚深褐色、弯镰形，荚长 2.02 cm、宽 0.38 cm，种皮黑色（黑花）、有泥膜，种脐黑色，籽粒长椭圆形、无光泽，子叶黄色，百粒重约为 0.98 g，籽粒蛋白质含量为 50.02%、脂肪含量为 13.10%，为高蛋白种质资源。田间表现为高抗花叶病毒、高抗霜霉病。

【利用价值】可用于饲料、绿肥，作大豆起源和演化研究，或作育种亲本。

139. 桂野 22-139

【学名】Leguminosae（豆科）Papilionoideae（蝶形花亚科）*Glycine*（大豆属）*Glycine soja* Sieb. et Zucc.（野生大豆）

【采集地】广西壮族自治区桂林市荔浦县。

【类型】普通野生大豆，一年生草本。

【主要特征特性】无限型结荚习性，蔓生，主茎明显。生育期4月中旬至10月下旬，花期9月上旬至10月中旬，花浅紫色、中花序，茸毛棕色、紧贴、密度稀，叶卵圆形，叶长5.4 cm、叶宽2.2 cm，荚深褐色、弯镰形，荚长1.97 cm、宽0.42 cm，种皮黑色（黑褐）、有泥膜，种脐黑色，籽粒长椭圆形、无光泽，子叶黄色，百粒重约为0.93 g，籽粒蛋白质含量为51.36%、脂肪含量为12.19%，为高蛋白种质资源。田间表现为高抗花叶病毒、高抗霜霉病。

【利用价值】可用于饲料、绿肥，作大豆起源和演化研究，或作育种亲本。

140. 桂野 22-140

【学名】Leguminosae（豆科）Papilionoideae（蝶形花亚科）*Glycine*（大豆属）*Glycine soja* Sieb. et Zucc.（野生大豆）

【采集地】广西壮族自治区桂林市荔浦县。

【类型】普通野生大豆，一年生草本。

【主要特征特性】无限型结荚习性，蔓生，主茎明显。生育期4月中旬至10月下旬，花期9月上旬至10月中旬，花紫色、短花序，茸毛棕色、紧贴、密度稀，叶卵圆形，叶长3.7 cm、叶宽1.6 cm，荚深褐色、弯镰形，荚长1.81 cm、宽0.31 cm，种皮黑色（黑斑）、有泥膜，种脐黑色，籽粒长椭圆形、无光泽，子叶黄色，百粒重约为0.70 g，籽粒蛋白质含量为47.17%、脂肪含量为14.66%，为高蛋白种质资源。田间表现为高抗花叶病毒病，抗虫。

【利用价值】可用于饲料、绿肥，作大豆起源和演化研究，或作育种亲本。

141. 桂野 22-141

【学名】Leguminosae（豆科）Papilionoideae（蝶形花亚科）*Glycine*（大豆属）
Glycine soja Sieb. et Zucc.（野生大豆）

【采集地】广西壮族自治区桂林市荔浦县。

【类型】普通野生大豆，一年生草本。

【主要特征特性】无限型结荚习性，蔓生，主茎明显。生育期 4 月中旬至 10 月中旬，花期 9 月上旬至 10 月上旬，花浅紫色、中花序，茸毛棕色、紧贴、密度稀，叶披针形，叶长 4.1 cm、叶宽 1.3 cm，荚深褐色、弯镰形，荚长 1.80 cm、宽 0.35 cm，种皮黑色（黑斑）、有泥膜，种脐黑色，籽粒长椭圆形、无光泽，子叶黄色，百粒重约为 0.69 g，籽粒蛋白质含量为 46.95%、脂肪含量为 16.18%，为高蛋白种质资源。田间表现为高抗花叶病毒、高抗霜霉病，抗虫。

【利用价值】可用于饲料、绿肥，作大豆起源和演化研究，或作育种亲本。

142. 桂野 22-142

【学名】Leguminosae（豆科）Papilionoideae（蝶形花亚科）*Glycine*（大豆属）*Glycine soja* Sieb. et Zucc.（野生大豆）

【采集地】广西壮族自治区桂林市灵川县。

【类型】普通野生大豆，一年生草本。

【主要特征特性】无限型结荚习性，蔓生，主茎明显。生育期 4 月中旬至 10 月中旬，花期 8 月中旬至 10 月上旬，花紫色、短花序，茸毛棕色、紧贴、密度稀，叶卵圆形，叶长 4.4 cm、叶宽 2.1 cm，荚深褐色、弯镰形，荚长 1.70 cm、宽 0.40 cm，种皮黑色（黑斑）、有泥膜，种脐黑色，籽粒长椭圆形、无光泽，子叶黄色，百粒重约为 0.73 g，籽粒蛋白质含量为 50.12%、脂肪含量为 13.93%，为高蛋白种质资源。田间表现为高抗霜霉病，抗虫。

【利用价值】可用于饲料、绿肥，作大豆起源和演化研究，或作育种亲本。

143. 桂野 22-143

【学名】Leguminosae（豆科）Papilionoideae（蝶形花亚科）Glycine（大豆属）Glycine soja Sieb. et Zucc.（野生大豆）

【采集地】广西壮族自治区桂林市灵川县。

【类型】普通野生大豆，一年生草本。

【主要特征特性】无限型结荚习性，蔓生，主茎明显。生育期 4 月中旬至 10 月中旬，花期 8 月中旬至 10 月上旬，花深紫色、短花序，茸毛棕色、紧贴、密度稀，叶卵圆形，叶长 5.5 cm、叶宽 2.3 cm，荚深褐色、弯镰形，荚长 1.83 cm、宽 0.37 cm，种皮黑色、有泥膜，种脐黑色，籽粒长椭圆形、无光泽，子叶黄色，百粒重约为 0.64 g，籽粒蛋白质含量为 50.31%、脂肪含量为 13.65%，为高蛋白种质资源。田间表现为高抗霜霉病，抗虫。

【利用价值】可用于饲料、绿肥，作大豆起源和演化研究，或作育种亲本。

144. 桂野 22-144

【学名】Leguminosae（豆科）Papilionoideae（蝶形花亚科）*Glycine*（大豆属）*Glycine soja* Sieb. et Zucc.（野生大豆）

【采集地】广西壮族自治区桂林市灵川县。

【类型】普通野生大豆，一年生草本。

【主要特征特性】无限型结荚习性，蔓生，主茎明显。生育期 4 月中旬至 10 月中旬，花期 8 月中旬至 10 月上旬，花深紫色、短花序，茸毛棕色、紧贴、密度稀，叶卵圆形，叶长 4.3 cm、叶宽 2.1 cm，荚褐色、弯镰形，荚长 1.76 cm、宽 0.34 cm，种皮黑色（黑斑）、有泥膜，种脐黑色，籽粒长椭圆形、无光泽，子叶黄色，百粒重约为 0.77 g，籽粒蛋白质含量为 48.50%、脂肪含量为 14.32%，为高蛋白种质资源。田间表现为高抗花叶病毒病，抗虫。

【利用价值】可用于饲料、绿肥，作大豆起源和演化研究，或作育种亲本。

145. 桂野 22-145

【学名】Leguminosae（豆科）Papilionoideae（蝶形花亚科）*Glycine*（大豆属）*Glycine soja* Sieb. et Zucc.（野生大豆）

【采集地】广西壮族自治区桂林市灵川县。

【类型】普通野生大豆，一年生草本。

【主要特征特性】无限型结荚习性，蔓生，主茎明显。生育期4月中旬至10月中旬，花期8月中旬至10月上旬，花紫色、短花序，茸毛棕色、紧贴、密度稀，叶椭圆形，叶长4.6 cm、叶宽1.7 cm，荚褐色、弯镰形，荚长1.88 cm、宽0.46 cm，种皮黑色、有泥膜，种脐黑色，籽粒椭圆形、无光泽，子叶黄色，百粒重约为0.80 g，籽粒蛋白质含量为50.47%、脂肪含量为13.50%，为高蛋白种质资源。田间表现为高抗花叶病毒、高抗霜霉病，抗虫。

【利用价值】可用于饲料、绿肥，作大豆起源和演化研究，或作育种亲本。

146. 桂野 22-146

【学名】Leguminosae（豆科）Papilionoideae（蝶形花亚科）*Glycine*（大豆属）*Glycine soja* Sieb. et Zucc.（野生大豆）

【采集地】广西壮族自治区桂林市灵川县。

【类型】普通野生大豆，一年生草本。

【主要特征特性】无限型结荚习性，蔓生，主茎明显。生育期4月中旬至10月中旬，花期8月中旬至10月上旬，花紫色、短花序，茸毛棕色、紧贴、密度稀，叶卵圆形，叶长5.1 cm、叶宽2.2 cm，荚深褐色、弯镰形，荚长1.74 cm、宽0.38 cm，种皮黑色、有泥膜，种脐黑色，籽粒长椭圆形、无光泽，子叶黄色，百粒重约为0.80 g，籽粒蛋白质含量为50.47%、脂肪含量为13.50%，为高蛋白种质资源。田间表现为高抗花叶病毒病，抗虫。

【利用价值】可用于饲料、绿肥，作大豆起源和演化研究，或作育种亲本。

147. 桂野 22-147

【学名】Leguminosae（豆科）Papilionoideae（蝶形花亚科）*Glycine*（大豆属）*Glycine soja* Sieb. et Zucc.（野生大豆）

【采集地】广西壮族自治区桂林市灵川县。

【类型】普通野生大豆，一年生草本。

【主要特征特性】无限型结荚习性，蔓生，主茎明显。生育期 4 月中旬至 10 月中旬，花期 8 月中旬至 10 月上旬，花深紫色、短花序，茸毛棕色、紧贴、密度稀，叶卵圆形，叶长 4.7 cm、叶宽 2.1 cm，荚深褐色、弯镰形，荚长 1.90 cm、宽 0.42 cm，种皮黑色（黑斑）、有泥膜，种脐黑色，籽粒长椭圆形、无光泽，子叶黄色，百粒重约为 0.86 g，籽粒蛋白质含量为 49.42%、脂肪含量为 15.04%，为高蛋白种质资源。田间表现为高抗霜霉病，抗虫。

【利用价值】可用于饲料、绿肥，作大豆起源和演化研究，或作育种亲本。

148. 桂野 22-148

【学名】Leguminosae（豆科）Papilionoideae（蝶形花亚科）*Glycine*（大豆属）*Glycine soja* Sieb. et Zucc.（野生大豆）

【采集地】广西壮族自治区桂林市灵川县。

【类型】普通野生大豆，一年生草本。

【主要特征特性】无限型结荚习性，蔓生，主茎明显。生育期 4 月中旬至 10 月中旬，花期 8 月中旬至 10 月上旬，花深紫色、中花序，茸毛棕色、紧贴、密度稀，叶卵圆形，叶长 5.9 cm、叶宽 2.7 cm，荚褐色、弯镰形，荚长 1.84 cm、宽 0.36 cm，种皮黑色、有泥膜，种脐黑色，籽粒长椭圆形、无光泽，子叶黄色，百粒重约为 0.70 g，籽粒蛋白质含量为 49.35%、脂肪含量为 14.17%，为高蛋白种质资源。田间表现为高抗霜霉病，抗虫。

【利用价值】可用于饲料、绿肥，作大豆起源和演化研究，或作育种亲本。

149. 桂野 22-149

【学名】Leguminosae（豆科）Papilionoideae（蝶形花亚科）*Glycine*（大豆属）*Glycine soja* Sieb. et Zucc.（野生大豆）

【采集地】广西壮族自治区桂林市灵川县。

【类型】普通野生大豆，一年生草本。

【主要特征特性】无限型结荚习性，蔓生，主茎明显。生育期4月中旬至10月中旬，花期7月下旬至10月上旬，花紫色、短花序，茸毛棕色、紧贴、密度稀，叶卵圆形，叶长5.6 cm、叶宽3.1 cm，荚灰褐色、弯镰形，荚长1.82 cm、宽0.36 cm，种皮黑色、有泥膜，种脐黑色，籽粒长椭圆形、无光泽，子叶黄色，百粒重约为0.77 g，籽粒蛋白质含量为52.38%、脂肪含量为12.36%，为高蛋白种质资源。田间表现为高抗花叶病毒病，抗虫。

【利用价值】可用于饲料、绿肥，作大豆起源和演化研究，或作育种亲本。

150. 桂野 22-150

【学名】Leguminosae（豆科）Papilionoideae（蝶形花亚科）*Glycine*（大豆属）*Glycine soja* Sieb. et Zucc.（野生大豆）

【采集地】广西壮族自治区桂林市灵川县。

【类型】普通野生大豆，一年生草本。

【主要特征特性】无限型结荚习性，蔓生，主茎明显。生育期4月中旬至10月中旬，花期8月中旬至10月上旬，花紫色、短花序，茸毛棕色、紧贴、密度稀，叶卵圆形，叶长 5.2 cm、叶宽 2.4 cm，荚深褐色、弯镰形，荚长 1.62 cm、宽 0.34 cm，种皮黑色（黑花）、有泥膜，种脐黑色，籽粒长椭圆形、无光泽，子叶黄色，百粒重约为 0.76 g，籽粒蛋白质含量为 44.16%、脂肪含量为 16.98%。田间表现为高抗霜霉病，抗虫。

【利用价值】可用于饲料、绿肥，作大豆起源和演化研究，或作育种亲本。

151. 桂野 22-151

【学名】Leguminosae（豆科）Papilionoideae（蝶形花亚科）*Glycine*（大豆属）*Glycine soja* Sieb. et Zucc.（野生大豆）

【采集地】广西壮族自治区桂林市灵川县。

【类型】普通野生大豆，一年生草本。

【主要特征特性】无限型结荚习性，蔓生，主茎明显。生育期 4 月中旬至 10 月中旬，花期 8 月中旬至 10 月上旬，花深紫色、短花序，茸毛棕色、紧贴、密度稀，叶卵圆形，叶长 5.4 cm、叶宽 2.4 cm，荚深褐色、弯镰形，荚长 1.97 cm、宽 0.37 cm，种皮黑色、有泥膜，种脐黑色，籽粒长椭圆形、无光泽，子叶黄色，百粒重约为 0.97 g，籽粒蛋白质含量为 50.32%、脂肪含量为 15.00%，为高蛋白种质资源。田间表现为高抗花叶病毒、高抗霜霉病。

【利用价值】可用于饲料、绿肥，作大豆起源和演化研究，或作育种亲本。

152. 桂野 22-152

【学名】Leguminosae（豆科）Papilionoideae（蝶形花亚科）*Glycine*（大豆属）*Glycine soja* Sieb. et Zucc.（野生大豆）

【采集地】广西壮族自治区桂林市灵川县。

【类型】普通野生大豆，一年生草本。

【主要特征特性】无限型结荚习性，蔓生，主茎明显。生育期 4 月中旬至 10 月中旬，花期 8 月中旬至 10 月上旬，花紫色、短花序，茸毛棕色、紧贴、密度稀，叶卵圆形，叶长 5.8 cm、叶宽 2.7 cm，荚褐色、弯镰形，荚长 1.88 cm、宽 0.36 cm，种皮黑色、有泥膜，种脐黑色，籽粒长椭圆形、无光泽，子叶黄色，百粒重约为 0.88 g，籽粒蛋白质含量为 49.50%、脂肪含量为 14.47%，为高蛋白种质资源。田间表现为高抗花叶病毒病，抗虫。

【利用价值】可用于饲料、绿肥，作大豆起源和演化研究，或作育种亲本。

153. 桂野 22-153

【学名】Leguminosae（豆科）Papilionoideae（蝶形花亚科）*Glycine*（大豆属）*Glycine soja* Sieb. et Zucc.（野生大豆）

【采集地】广西壮族自治区桂林市灵川县。

【类型】普通野生大豆，一年生草本。

【主要特征特性】无限型结荚习性，蔓生，主茎明显。生育期4月中旬至10月中旬，花期8月中旬至10月上旬，花紫色、短花序，茸毛棕色、紧贴、密度稀，叶卵圆形，叶长5.3 cm、叶宽2.2 cm，荚灰褐色、弯镰形，荚长1.92 cm、宽0.42 cm，种皮黑色（黑花）、有泥膜，种脐黑色，籽粒椭圆形、无光泽，子叶黄色，百粒重约为0.82 g，籽粒蛋白质含量为48.89%、脂肪含量为15.88%，为高蛋白种质资源。田间表现为抗虫。

【利用价值】可用于饲料、绿肥，作大豆起源和演化研究，或作育种亲本。

154. 桂野 22-154

【学名】Leguminosae（豆科）Papilionoideae（蝶形花亚科）*Glycine*（大豆属）*Glycine soja* Sieb. et Zucc.（野生大豆）

【采集地】广西壮族自治区桂林市灵川县。

【类型】普通野生大豆，一年生草本。

【主要特征特性】无限型结荚习性，蔓生，主茎明显。生育期 4 月中旬至 10 月中旬，花期 8 月中旬至 10 月上旬，花紫色、短花序，茸毛棕色、紧贴、密度稀，叶卵圆形，叶长 5.2 cm、叶宽 2.6 cm，荚褐色、弯镰形，荚长 1.83 cm、宽 0.39 cm，种皮黑色（黑花）、有泥膜、种脐黑色，籽粒长椭圆形、无光泽，子叶黄色，百粒重约为 0.94 g，籽粒蛋白质含量为 52.48%、脂肪含量为 13.40%，为高蛋白种质资源。田间表现为高抗霜霉病，抗虫。

【利用价值】可用于饲料、绿肥，作大豆起源和演化研究，或作育种亲本。

155. 桂野 22-155

【学名】Leguminosae（豆科）Papilionoideae（蝶形花亚科）*Glycine*（大豆属）*Glycine soja* Sieb. et Zucc.（野生大豆）

【采集地】广西壮族自治区桂林市雁山区。

【类型】普通野生大豆，一年生草本。

【主要特征特性】无限型结荚习性，蔓生，主茎明显。生育期4月中旬至10月中旬，花期8月中旬至10月上旬，花紫色、中花序，茸毛棕色、紧贴、密度中等，叶披针形，叶长6.4 cm、叶宽2.0 cm，荚深褐色、弯镰形，荚长1.87 cm、宽0.44 cm，种皮黑色（黑花）、有泥膜，种脐黑色，籽粒长椭圆形、无光泽，子叶黄色，百粒重约为0.84 g，籽粒蛋白质含量为43.80%、脂肪含量为17.85%。田间表现为高抗霜霉病，抗虫。

【利用价值】可用于饲料、绿肥，作大豆起源和演化研究，或作育种亲本。

156. 桂野 22-156

【学名】Leguminosae（豆科）Papilionoideae（蝶形花亚科）*Glycine*（大豆属）*Glycine soja* Sieb. et Zucc.（野生大豆）

【采集地】广西壮族自治区桂林市雁山区。

【类型】普通野生大豆，一年生草本。

【主要特征特性】无限型结荚习性，蔓生，主茎明显。生育期 4 月中旬至 10 月下旬，花期 9 月上旬至 10 月中旬，花浅紫色、短花序，茸毛棕色、紧贴、密度稀，叶披针形，叶长 5.5 cm、叶宽 1.7 cm，荚黄褐色、弯镰形，荚长 1.91 cm、宽 0.41 cm，种皮黑色（黑花）、有泥膜，种脐黑色，籽粒长椭圆形、无光泽，子叶黄色，百粒重约为 1.01 g，籽粒蛋白质含量为 50.15%、脂肪含量为 13.80%，为高蛋白种质资源。田间表现为高抗霜霉病，抗虫。

【利用价值】可用于饲料、绿肥，作大豆起源和演化研究，或作育种亲本。

157. 桂野 22-157

【学名】Leguminosae（豆科）Papilionoideae（蝶形花亚科）*Glycine*（大豆属）*Glycine soja* Sieb. et Zucc.（野生大豆）

【采集地】广西壮族自治区桂林市雁山区。

【类型】普通野生大豆，一年生草本。

【主要特征特性】无限型结荚习性，蔓生，主茎明显。生育期4月中旬至10月下旬，花期9月上旬至10月中旬，花紫色、中花序，茸毛棕色、紧贴、密度稀，叶披针形，叶长6.8 cm、叶宽1.9 cm，荚褐色、弯镰形，荚长1.82 cm、宽0.40 cm，种皮黑色（黑斑）、有泥膜，种脐黑色，籽粒长椭圆形、无光泽，子叶黄色，百粒重约为0.97 g，籽粒蛋白质含量为48.19%、脂肪含量为15.63%，为高蛋白种质资源。田间表现为抗虫。

【利用价值】可用于饲料、绿肥，作大豆起源和演化研究，或作育种亲本。

158. 桂野 22-158

【学名】Leguminosae（豆科）Papilionoideae（蝶形花亚科）*Glycine*（大豆属）*Glycine soja* Sieb. et Zucc.（野生大豆）

【采集地】广西壮族自治区桂林市雁山区。

【类型】普通野生大豆，一年生草本。

【主要特征特性】无限型结荚习性，蔓生，主茎明显。生育期4月中旬至10月下旬，花期8月下旬至10月中旬，花紫色、中花序，茸毛棕色、紧贴、密度稀，叶披针形，叶长6.0 cm、叶宽2.0 cm，荚深褐色、弯镰形，荚长1.83 cm、宽0.38 cm，种皮黑色（黑斑）、有泥膜、种脐黑色，籽粒长椭圆形、无光泽，子叶黄色，百粒重约为0.93 g，籽粒蛋白质含量为48.55%、脂肪含量为14.10%，为高蛋白种质资源。田间表现为高抗霜霉病，抗虫。

【利用价值】可用于饲料、绿肥，作大豆起源和演化研究，或作育种亲本。

159. 桂野 22-159

【学名】Leguminosae（豆科）Papilionoideae（蝶形花亚科）*Glycine*（大豆属）*Glycine soja* Sieb. et Zucc.（野生大豆）

【采集地】广西壮族自治区桂林市雁山区。

【类型】普通野生大豆，一年生草本。

【主要特征特性】无限型结荚习性，蔓生，主茎明显。生育期4月中旬至10月下旬，花期8月下旬至10月中旬，花深紫色、短花序，茸毛棕色、紧贴、密度稀，叶披针形，叶长7.7 cm、叶宽2.6 cm，荚深褐色、弯镰形，荚长1.85 cm、宽0.40 cm，种皮黑色（黑斑）、有泥膜，种脐黑色，籽粒长椭圆形、无光泽，子叶黄色，百粒重约为0.91 g，籽粒蛋白质含量为49.46%、脂肪含量为14.04%，为高蛋白种质资源。田间表现为高抗花叶病毒、高抗霜霉病，抗虫。

【利用价值】可用于饲料、绿肥，作大豆起源和演化研究，或作育种亲本。

160. 桂野 22-160

【学名】Leguminosae（豆科）Papilionoideae（蝶形花亚科）*Glycine*（大豆属）*Glycine soja* Sieb. et Zucc.（野生大豆）

【采集地】广西壮族自治区桂林市。

【类型】普通野生大豆，一年生草本。

【主要特征特性】无限型结荚习性，蔓生，主茎明显。生育期4月中旬至10月下旬，花期9月上旬至10月中旬，花浅紫色、短花序，茸毛棕色、紧贴、密度稀，叶披针形，叶长8.1 cm、叶宽2.1 cm，荚深褐色、弯镰形，荚长1.85 cm、宽0.41 cm，种皮黑色（黑斑）、有泥膜，种脐黑色，籽粒长椭圆形、无光泽，子叶黄色，百粒重约为1.10 g，籽粒蛋白质含量为49.69%、脂肪含量为14.16%，为高蛋白种质资源。田间表现为高抗花叶病毒、高抗霜霉病，抗虫。

【利用价值】可用于饲料、绿肥，作大豆起源和演化研究，或作育种亲本。

161. 桂野 22-161

【学名】Leguminosae（豆科）Papilionoideae（蝶形花亚科）*Glycine*（大豆属）*Glycine soja* Sieb. et Zucc.（野生大豆）

【采集地】广西壮族自治区桂林市雁山区。

【类型】普通野生大豆，一年生草本。

【主要特征特性】无限型结荚习性，蔓生，主茎明显。生育期4月中旬至10月下旬，花期8月下旬至10月中旬，花浅紫色、中花序，茸毛棕色、紧贴、密度稀，叶披针形，叶长6.2 cm、叶宽2.2 cm，荚深褐色、弯镰形，荚长1.80 cm、宽0.41 cm，种皮黑色（黑斑）、有泥膜，种脐黑色，籽粒长椭圆形、无光泽，子叶黄色，百粒重约为0.91 g，籽粒蛋白质含量为48.93%、脂肪含量为14.20%，为高蛋白种质资源。田间表现为高抗花叶病毒病，抗虫。

【利用价值】可用于饲料、绿肥，作大豆起源和演化研究，或作育种亲本。

162. 桂野 22-162

【学名】Leguminosae（豆科）Papilionoideae（蝶形花亚科）*Glycine*（大豆属）*Glycine soja* Sieb. et Zucc.（野生大豆）

【采集地】广西壮族自治区桂林市雁山区。

【类型】普通野生大豆，一年生草本。

【主要特征特性】无限型结荚习性，蔓生，主茎明显。生育期4月中旬至10月下旬，花期9月上旬至10月中旬，花浅紫色、中花序，茸毛棕色、紧贴、密度稀，叶披针形，叶长5.8 cm、叶宽1.1 cm，荚深褐色、弯镰形，荚长1.83 cm、宽0.42 cm，种皮黑色、有泥膜，种脐黑色，籽粒长椭圆形、无光泽，子叶黄色，百粒重约为0.95 g，籽粒蛋白质含量为49.83%、脂肪含量为13.58%，为高蛋白种质资源。田间表现为高抗霜霉病，抗虫。

【利用价值】可用于饲料、绿肥，作大豆起源和演化研究，或作育种亲本。

163. 桂野 22-163

【学名】Leguminosae（豆科）Papilionoideae（蝶形花亚科）*Glycine*（大豆属）*Glycine soja* Sieb. et Zucc.（野生大豆）

【采集地】广西壮族自治区桂林市雁山区。

【类型】普通野生大豆，一年生草本。

【主要特征特性】无限型结荚习性，蔓生，主茎明显。生育期4月中旬至10月下旬，花期9月上旬至10月中旬，花浅紫色、中花序，茸毛棕色、紧贴、密度稀，叶披针形，叶长6.0 cm、叶宽1.8 cm，荚深褐色、弯镰形，荚长1.85 cm、宽0.39 cm，种皮黑色（黑斑）、有泥膜，种脐黑色，籽粒椭圆形、无光泽，子叶黄色，百粒重约为0.84 g，籽粒蛋白质含量为48.46%、脂肪含量为14.25%，为高蛋白种质资源。田间表现为高抗花叶病毒、高抗霜霉病，抗虫。

【利用价值】可用于饲料、绿肥，作大豆起源和演化研究，或作育种亲本。

164. 桂野 22-164

【学名】Leguminosae（豆科）Papilionoideae（蝶形花亚科）*Glycine*（大豆属）*Glycine soja* Sieb. et Zucc.（野生大豆）

【采集地】广西壮族自治区桂林市雁山区。

【类型】普通野生大豆，一年生草本。

【主要特征特性】无限型结荚习性，蔓生，主茎明显。生育期 4 月中旬至 10 月下旬，花期 9 月上旬至 10 月中旬，花浅紫色、短花序，茸毛棕色、紧贴、密度稀，叶披针形，叶长 6.8 cm、叶宽 2.3 cm，荚深褐色、弯镰形，荚长 1.96 cm、宽 0.40 cm，种皮黑色（黑斑）、有泥膜，种脐黑色，籽粒长椭圆形、无光泽，子叶黄色，百粒重约为 1.16 g，籽粒蛋白质含量为 44.51%、脂肪含量为 16.43%。田间表现为高抗霜霉病，抗虫。

【利用价值】可用于饲料、绿肥，作大豆起源和演化研究，或作育种亲本。

165. 桂野 22-165

【学名】Leguminosae（豆科）Papilionoideae（蝶形花亚科）*Glycine*（大豆属）*Glycine soja* Sieb. et Zucc.（野生大豆）

【采集地】广西壮族自治区桂林市雁山区。

【类型】普通野生大豆，一年生草本。

【主要特征特性】无限型结荚习性，蔓生，主茎明显。生育期4月中旬至10月下旬，花期8月中旬至10月中旬，花浅紫色、中花序，茸毛棕色、紧贴、密度稀，叶披针形，叶长7.1 cm、叶宽2.8 cm，荚褐色、弯镰形，荚长1.80 cm、宽0.42 cm，种皮黑色（黑斑）、有泥膜，种脐黑色，籽粒长椭圆形、无光泽，子叶黄色，百粒重约为0.83 g，籽粒蛋白质含量为49.18%、脂肪含量为13.86%，为高蛋白种质资源。田间表现为高抗花叶病毒病，抗虫。

【利用价值】可用于饲料、绿肥，作大豆起源和演化研究，或作育种亲本。

166. 桂野 22-166

【学名】Leguminosae（豆科）Papilionoideae（蝶形花亚科）*Glycine*（大豆属）*Glycine soja* Sieb. et Zucc.（野生大豆）

【采集地】广西壮族自治区桂林市雁山区。

【类型】普通野生大豆，一年生草本。

【主要特征特性】无限型结荚习性，蔓生，主茎明显。生育期4月中旬至10月下旬，花期8月下旬至10月中旬，花浅紫色、中花序，茸毛棕色、紧贴、密度稀，叶披针形，叶长8.4 cm、叶宽3.0 cm，荚深褐色、弯镰形，荚长1.83 cm、宽0.41 cm，种皮黑色（黑斑）、有泥膜，种脐黑色，籽粒长椭圆形、无光泽，子叶黄色，百粒重约为0.98 g，籽粒蛋白质含量为48.79%、脂肪含量为14.44%，为高蛋白种质资源。田间表现为高抗花叶病毒、高抗霜霉病，抗虫。

【利用价值】可用于饲料、绿肥，作大豆起源和演化研究，或作育种亲本。

167. 桂野 22-167

【学名】Leguminosae（豆科）Papilionoideae（蝶形花亚科）*Glycine*（大豆属）*Glycine soja* Sieb. et Zucc.（野生大豆）

【采集地】广西壮族自治区桂林市雁山区。

【类型】普通野生大豆，一年生草本。

【主要特征特性】无限型结荚习性，蔓生，主茎明显。生育期4月中旬至10月下旬，花期9月上旬至10月中旬，花浅紫色、中花序，茸毛棕色、紧贴、密度稀，叶椭圆形，叶长7.1 cm、叶宽3.2 cm，荚深褐色、弯镰形，荚长1.83 cm、宽0.43 cm，种皮黑色（黑斑）、有泥膜，种脐黑色，籽粒长椭圆形、无光泽，子叶黄色，百粒重约为1.10 g，籽粒蛋白质含量为50.44%、脂肪含量为13.87%，为高蛋白种质资源。田间表现为高抗花叶病毒病，抗虫。

【利用价值】可用于饲料、绿肥，作大豆起源和演化研究，或作育种亲本。

168. 桂野 22-168

【学名】Leguminosae（豆科）Papilionoideae（蝶形花亚科）*Glycine*（大豆属）
Glycine soja Sieb. et Zucc.（野生大豆）

【采集地】广西壮族自治区桂林市雁山区。

【类型】普通野生大豆，一年生草本。

【主要特征特性】无限型结荚习性，蔓生，主茎明显。生育期 4 月中旬至 10 月下旬，花期 9 月上旬至 10 月中旬，花浅紫色、短花序，茸毛棕色、紧贴、密度稀，叶披针形，叶长 7.4 cm、叶宽 2.6 cm，荚褐色、弯镰形，荚长 2.05 cm、宽 0.41 cm，种皮黑色、有泥膜，种脐黑色，籽粒长椭圆形、无光泽，子叶黄色，百粒重约为 1.12 g，籽粒蛋白质含量为 50.32%、脂肪含量为 13.98%，为高蛋白种质资源。田间表现为高抗花叶病毒病，抗虫。

【利用价值】可用于饲料、绿肥，作大豆起源和演化研究，或作育种亲本。

169. 桂野 22-169

【学名】Leguminosae（豆科）Papilionoideae（蝶形花亚科）*Glycine*（大豆属）*Glycine soja* Sieb. et Zucc.（野生大豆）

【采集地】广西壮族自治区桂林市雁山区。

【类型】普通野生大豆，一年生草本。

【主要特征特性】无限型结荚习性，蔓生，主茎明显。生育期4月中旬至10月下旬，花期9月上旬至10月中旬，花浅紫色、中花序，茸毛棕色、紧贴、密度稀，叶披针形，叶长7.2 cm、叶宽2.5 cm，荚深褐色、弯镰形，荚长1.84 cm、宽0.40 cm，种皮黑色（黑斑）、有泥膜，种脐黑色，籽粒长椭圆形、无光泽，子叶黄色，百粒重约为0.90 g，籽粒蛋白质含量为49.07%、脂肪含量为14.27%，为高蛋白种质资源。田间表现为高抗花叶病毒病，抗虫。

【利用价值】可用于饲料、绿肥，作大豆起源和演化研究，或作育种亲本。

170. 桂野 22-170

【学名】Leguminosae（豆科）Papilionoideae（蝶形花亚科）*Glycine*（大豆属）*Glycine soja* Sieb. et Zucc.（野生大豆）

【采集地】广西壮族自治区桂林市雁山区。

【类型】普通野生大豆，一年生草本。

【主要特征特性】无限型结荚习性，蔓生，主茎明显。生育期 4 月中旬至 10 月下旬，花期 9 月上旬至 10 月中旬，花浅紫色、中花序，茸毛棕色、紧贴、密度稀，叶披针形，叶长 8.0 cm、叶宽 2.7 cm，荚深褐色、弯镰形，荚长 1.81 cm、宽 0.41 cm，种皮黑色（黑斑）、有泥膜，种脐黑色，籽粒椭圆形、无光泽，子叶黄色，百粒重约为 0.91 g，籽粒蛋白质含量为 50.06%、脂肪含量为 13.48%，为高蛋白种质资源。田间表现为高抗霜霉病，抗虫。

【利用价值】可用于饲料、绿肥，作大豆起源和演化研究，或作育种亲本。

171. 桂野 22-171

【学名】Leguminosae（豆科）Papilionoideae（蝶形花亚科）*Glycine*（大豆属）*Glycine soja* Sieb. et Zucc.（野生大豆）

【采集地】广西壮族自治区桂林市雁山区。

【类型】普通野生大豆，一年生草本。

【主要特征特性】无限型结荚习性，蔓生，主茎明显。生育期 4 月中旬至 10 月下旬，花期 8 月下旬至 10 月中旬，花浅紫色、中花序，茸毛棕色、紧贴、密度稀，叶卵圆形，叶长 7.6 cm、叶宽 2.9 cm，荚深褐色、弯镰形，荚长 1.83 cm、宽 0.37 cm，种皮黑色、有泥膜，种脐黑色，籽粒长椭圆形、无光泽，子叶黄色，百粒重约为 0.91 g，籽粒蛋白质含量为 50.18%、脂肪含量为 13.35%，为高蛋白种质资源。田间表现为高抗霜霉病，抗虫。

【利用价值】可用于饲料、绿肥，作大豆起源和演化研究，或作育种亲本。

172. 桂野 22-172

【学名】Leguminosae（豆科）Papilionoideae（蝶形花亚科）*Glycine*（大豆属）*Glycine soja* Sieb. et Zucc.（野生大豆）

【采集地】广西壮族自治区桂林市雁山区。

【类型】普通野生大豆，一年生草本。

【主要特征特性】无限型结荚习性，蔓生，主茎明显。生育期 4 月中旬至 10 月下旬，花期 8 月下旬至 10 月中旬，花深紫色、中花序，茸毛棕色、紧贴、密度稀，叶披针形，叶长 7.2 cm、叶宽 2.4 cm，荚深褐色、弯镰形，荚长 1.86 cm、宽 0.40 cm，种皮黑色（黑斑）、有泥膜，种脐黑色，籽粒椭圆形、无光泽，子叶黄色，百粒重约为 0.89 g，籽粒蛋白质含量为 49.73%、脂肪含量为 13.73%，为高蛋白种质资源。田间表现为高抗花叶病毒病，抗虫。

【利用价值】可用于饲料、绿肥，作大豆起源和演化研究，或作育种亲本。

173. 桂野 22-173

【学名】Leguminosae（豆科）Papilionoideae（蝶形花亚科）*Glycine*（大豆属）*Glycine soja* Sieb. et Zucc.（野生大豆）

【采集地】广西壮族自治区桂林市雁山区。

【类型】普通野生大豆，一年生草本。

【主要特征特性】无限型结荚习性，蔓生，主茎明显。生育期4月中旬至10月下旬，花期8月下旬至10月中旬，花紫色、中花序、茸毛棕色、紧贴、密度稀，叶卵圆形，叶长7.0 cm、叶宽3.0 cm，荚黄褐色、弯镰形，荚长1.85 cm、宽0.42 cm，种皮黑色（黑花）、有泥膜，种脐黑色，籽粒长椭圆形、无光泽，子叶黄色，百粒重约为0.96 g，籽粒蛋白质含量为49.88%、脂肪含量为14.05%，为高蛋白种质资源。田间表现为抗虫。

【利用价值】可用于饲料、绿肥，作大豆起源和演化研究，或作育种亲本。

174. 桂野 22-174

【学名】Leguminosae（豆科）Papilionoideae（蝶形花亚科）*Glycine*（大豆属）*Glycine soja* Sieb. et Zucc.（野生大豆）

【采集地】广西壮族自治区桂林市雁山区。

【类型】普通野生大豆，一年生草本。

【主要特征特性】无限型结荚习性，蔓生，主茎明显。生育期 4 月中旬至 10 月下旬，花期 8 月中旬至 10 月中旬，花紫色、中花序、茸毛棕色、紧贴、密度稀，叶卵圆形，叶长 7.5 cm、叶宽 3.1 cm，荚褐色、弯镰形，荚长 1.89 cm、宽 0.41 cm，种皮黑色（黑斑）、有泥膜，种脐黑色，籽粒长椭圆形、无光泽，子叶黄色，百粒重约为 0.94 g，籽粒蛋白质含量为 49.34%、脂肪含量为 14.25%，为高蛋白种质资源。田间表现为高抗霜霉病，抗虫。

【利用价值】可用于饲料、绿肥，作大豆起源和演化研究，或作育种亲本。

175. 桂野 22-175

【学名】Leguminosae（豆科）Papilionoideae（蝶形花亚科）*Glycine*（大豆属）*Glycine soja* Sieb. et Zucc.（野生大豆）

【采集地】广西壮族自治区桂林市雁山区。

【类型】普通野生大豆，一年生草本。

【主要特征特性】无限型结荚习性，蔓生，主茎明显。生育期 4 月中旬至 10 月下旬，花期 8 月中旬至 10 月中旬，花紫色、短花序，茸毛棕色、紧贴、密度稀，叶卵圆形，叶长 7.2 cm、叶宽 2.4 cm，荚深褐色、弯镰形，荚长 1.91 cm、宽 0.44 cm，种皮黑色（黑花）、有泥膜，种脐黑色，籽粒长椭圆形、无光泽，子叶黄色，百粒重约为 0.97 g，籽粒蛋白质含量为 48.28%、脂肪含量为 14.75%，为高蛋白种质资源。田间表现为高抗霜霉病，抗虫。

【利用价值】可用于饲料、绿肥，作大豆起源和演化研究，或作育种亲本。

176. 桂野 22-176

【学名】Leguminosae（豆科）Papilionoideae（蝶形花亚科）*Glycine*（大豆属）*Glycine soja* Sieb. et Zucc.（野生大豆）

【采集地】广西壮族自治区桂林市雁山区。

【类型】普通野生大豆，一年生草本。

【主要特征特性】无限型结荚习性，蔓生，主茎明显。生育期4月中旬至10月下旬，花期8月下旬至10月中旬，花紫色、短花序，茸毛棕色、紧贴、密度稀，叶卵圆形，叶长7.4 cm、叶宽2.3 cm，荚深褐色、弯镰形，荚长1.84 cm、宽0.39 cm，种皮黑色（黑斑）、有泥膜，种脐黑色，籽粒长椭圆形、无光泽，子叶黄色，百粒重约为0.94 g，籽粒蛋白质含量为49.24%、脂肪含量为13.68%，为高蛋白种质资源。田间表现为高抗霜霉病，抗虫。

【利用价值】可用于饲料、绿肥，作大豆起源和演化研究，或作育种亲本。

177. 桂野 22-177

【学名】Leguminosae（豆科）Papilionoideae（蝶形花亚科）*Glycine*（大豆属）*Glycine soja* Sieb. et Zucc.（野生大豆）

【采集地】广西壮族自治区桂林市雁山区。

【类型】普通野生大豆，一年生草本。

【主要特征特性】无限型结荚习性，蔓生，主茎明显。生育期 4 月中旬至 10 月下旬，花期 8 月下旬至 10 月中旬，花紫色、短花序，茸毛棕色、紧贴、密度稀，叶卵圆形，叶长 7.6 cm、叶宽 2.9 cm，荚褐色、弯镰形，荚长 1.80 cm、宽 0.37 cm，种皮黑色（黑花）、有泥膜，种脐黑色，籽粒椭圆形、无光泽，子叶黄色，百粒重约为 1.01 g，籽粒蛋白质含量为 48.07%、脂肪含量为 14.64%，为高蛋白种质资源。田间表现为抗虫。

【利用价值】可用于饲料、绿肥，作大豆起源和演化研究，或作育种亲本。

178. 桂野 22-178

【学名】Leguminosae（豆科）Papilionoideae（蝶形花亚科）*Glycine*（大豆属）*Glycine soja* Sieb. et Zucc.（野生大豆）

【采集地】广西壮族自治区来宾市象州县。

【类型】普通野生大豆，一年生草本。

【主要特征特性】无限型结荚习性，蔓生，主茎明显。生育期 4 月中旬至 10 月下旬，花期 8 月下旬至 10 月中旬，花浅紫色、中花序，茸毛棕色，紧贴，密度稀，叶披针形，叶长 7.9 cm、叶宽 2.8 cm，荚褐色、弯镰形，荚长 1.90 cm、宽 0.42 cm，种皮黑色（黑斑）、有泥膜，种脐黑色，籽粒椭圆形、无光泽，子叶黄色，百粒重约为 1.03 g，籽粒蛋白质含量为 50.40%、脂肪含量为 13.31%，为高蛋白种质资源。田间表现为高抗花叶病毒病，抗虫。

【利用价值】可用于饲料、绿肥，作大豆起源和演化研究，或作育种亲本。

179. 桂野 22-179

【学名】Leguminosae（豆科）Papilionoideae（蝶形花亚科）*Glycine*（大豆属）*Glycine soja* Sieb. et Zucc.（野生大豆）

【采集地】广西壮族自治区桂林市永福县。

【类型】普通野生大豆，一年生草本。

【主要特征特性】无限型结荚习性，蔓生，主茎明显。生育期4月中旬至10月下旬，花期9月上旬至10月中旬，花浅紫色、中花序，茸毛棕色、紧贴、密度稀，叶卵圆形，叶长6.4 cm、叶宽2.8 cm，荚褐色、弯镰形，荚长2.00 cm、宽0.39 cm，种皮黑色、有泥膜，种脐黑色，籽粒长椭圆形、无光泽，子叶黄色，百粒重约为0.58 g，籽粒蛋白质含量为46.92%、脂肪含量为14.86%，为高蛋白种质资源。田间表现为高抗霜霉病，抗虫。

【利用价值】可用于饲料、绿肥，作大豆起源和演化研究，或作育种亲本。

180. 桂野 22-180

【学名】Leguminosae（豆科）Papilionoideae（蝶形花亚科）*Glycine*（大豆属）*Glycine soja* Sieb. et Zucc.（野生大豆）

【采集地】广西壮族自治区桂林市永福县。

【类型】普通野生大豆，一年生草本。

【主要特征特性】无限型结荚习性，蔓生，主茎明显。生育期 4 月中旬至 10 月中旬，花期 8 月上旬至 10 月上旬，花深紫色、短花序，茸毛棕色、紧贴、密度稀，叶卵圆形，叶长 5.4 cm、叶宽 2.2 cm，荚褐色、弯镰形，荚长 1.66 cm、宽 0.36 cm，种皮黑色、有泥膜，种脐黑色，籽粒长椭圆形、无光泽，子叶黄色，百粒重约为 0.74 g，籽粒蛋白质含量为 49.32%、脂肪含量为 14.22%，为高蛋白种质资源。田间表现为高抗花叶病毒、高抗霜霉病，抗虫。

【利用价值】可用于饲料、绿肥，作大豆起源和演化研究，或作育种亲本。

181. 桂野 22-181

【学名】Leguminosae（豆科）Papilionoideae（蝶形花亚科）*Glycine*（大豆属）*Glycine soja* Sieb. et Zucc.（野生大豆）

【采集地】广西壮族自治区桂林市永福县。

【类型】普通野生大豆，一年生草本。

【主要特征特性】无限型结荚习性，蔓生，主茎明显。生育期4月中旬至10月中旬，花期7月下旬至10月上旬，花深紫色、短花序，茸毛棕色、紧贴、密度稀，叶卵圆形，叶长5.4 cm、叶宽3.1 cm，荚褐色、弯镰形，荚长2.12 cm、宽0.45 cm，种皮黑色、有泥膜，种脐黑色，籽粒长椭圆形、无光泽，子叶黄色，百粒重约为1.25 g，籽粒蛋白质含量为50.77%、脂肪含量为14.57%，为高蛋白种质资源。田间表现为高抗花叶病毒、高抗霜霉病，抗虫。

【利用价值】可用于饲料、绿肥，作大豆起源和演化研究，或作育种亲本。

182. 桂野 22-182

【学名】Leguminosae（豆科）Papilionoideae（蝶形花亚科）*Glycine*（大豆属）*Glycine soja* Sieb. et Zucc.（野生大豆）

【采集地】广西壮族自治区桂林市永福县。

【类型】普通野生大豆，一年生草本。

【主要特征特性】无限型结荚习性，蔓生，主茎明显。生育期 4 月中旬至 10 月中旬，花期 8 月中旬至 10 月上旬，花深紫色、短花序，茸毛棕色、紧贴、密度稀，叶卵圆形，叶长 5.4 cm、叶宽 2.6 cm，荚褐色、弯镰形，荚长 1.83 cm、宽 0.37 cm，种皮黑色、有泥膜，种脐黑色，籽粒长椭圆形、无光泽，子叶黄色，百粒重约为 0.75 g，籽粒蛋白质含量为 48.01%、脂肪含量为 14.59%，为高蛋白种质资源。田间表现为高抗花叶病毒、高抗霜霉病，抗虫。

【利用价值】可用于饲料、绿肥，作大豆起源和演化研究，或作育种亲本。

183. 桂野 22-183

【学名】Leguminosae（豆科）Papilionoideae（蝶形花亚科）*Glycine*（大豆属）*Glycine soja* Sieb. et Zucc.（野生大豆）

【采集地】广西壮族自治区桂林市永福县。

【类型】普通野生大豆，一年生草本。

【主要特征特性】无限型结荚习性，蔓生，主茎明显。生育期4月中旬至10月下旬，花期8月下旬至10月中旬，花浅紫色、中花序，茸毛棕色、紧贴、密度稀，叶卵圆形，叶长6.4 cm、叶宽2.2 cm，荚褐色、弯镰形，荚长1.88 cm、宽0.42 cm，种皮黑色（黑花）、有泥膜，种脐黑色，籽粒椭圆形、无光泽，子叶黄色，百粒重约为1.06 g，籽粒蛋白质含量为44.37%、脂肪含量为17.19%。田间表现为高抗花叶病毒病，抗虫。

【利用价值】可用于饲料、绿肥，作大豆起源和演化研究。

184. 桂野 22-184

【学名】Leguminosae（豆科）Papilionoideae（蝶形花亚科）*Glycine*（大豆属）*Glycine soja* Sieb. et Zucc.（野生大豆）

【采集地】广西壮族自治区桂林市永福县。

【类型】普通野生大豆，一年生草本。

【主要特征特性】无限型结荚习性，蔓生，主茎明显。生育期 4 月中旬至 10 月中旬，花期 8 月中旬至 10 月上旬，花深紫色、中花序，茸毛棕色、紧贴、密度稀，叶卵圆形，叶长 6.5 cm、叶宽 2.4 cm，荚褐色、弯镰形，荚长 1.85 cm、宽 0.41 cm，种皮黑色（黑斑）、有泥膜，种脐黑色，籽粒长椭圆形、无光泽，子叶黄色，百粒重约为 0.90 g，籽粒蛋白质含量为 43.54%、脂肪含量为 17.05%。田间表现为高抗花叶病毒、高抗霜霉病，抗虫。

【利用价值】可用于饲料、绿肥，作大豆起源和演化研究，或作育种亲本。

185. 桂野 22-185

【学名】Leguminosae（豆科）Papilionoideae（蝶形花亚科）*Glycine*（大豆属）*Glycine soja* Sieb. et Zucc.（野生大豆）

【采集地】广西壮族自治区桂林市永福县。

【类型】普通野生大豆，一年生草本。

【主要特征特性】无限型结荚习性，蔓生，主茎明显。生育期4月中旬至10月中旬，花期9月中旬至10月上旬，花紫色、中花序，茸毛棕色、紧贴、密度稀，叶卵圆形，叶长5.6 cm、叶宽2.5 cm，荚深褐色、弯镰形，荚长1.61 cm、宽0.38 cm，种皮黑色、有泥膜，种脐黑色，籽粒长椭圆形、无光泽，子叶黄色，百粒重约为0.71 g，籽粒蛋白质含量为48.58%、脂肪含量为13.97%，为高蛋白种质资源。田间表现为高抗霜霉病，抗虫。

【利用价值】可用于饲料、绿肥，作大豆起源和演化研究，或作育种亲本。

186. 桂野 22-186

【学名】Leguminosae（豆科）Papilionoideae（蝶形花亚科）*Glycine*（大豆属）*Glycine soja* Sieb. et Zucc.（野生大豆）

【采集地】广西壮族自治区桂林市永福县。

【类型】普通野生大豆，一年生草本。

【主要特征特性】无限型结荚习性，蔓生，主茎明显。生育期 4 月中旬至 10 月中旬，花期 8 月下旬至 10 月上旬，花紫色、短花序，茸毛棕色、紧贴、密度稀，叶椭圆形，叶长 5.5 cm、叶宽 2.6 cm，荚深褐色、弯镰形，荚长 1.85 cm、宽 0.41 cm，种皮黑色、有泥膜，种脐黑色，籽粒椭圆形、无光泽，子叶黄色，百粒重约为 0.77 g，籽粒蛋白质含量为 45.73%、脂肪含量为 16.25%，为高蛋白种质资源。田间表现为高抗花叶病毒病，抗虫。

【利用价值】可用于饲料、绿肥，作大豆起源和演化研究，或作育种亲本。

187. 桂野 22-187

【学名】Leguminosae（豆科）Papilionoideae（蝶形花亚科）*Glycine*（大豆属）*Glycine soja* Sieb. et Zucc.（野生大豆）

【采集地】广西壮族自治区桂林市永福县。

【类型】普通野生大豆，一年生草本。

【主要特征特性】无限型结荚习性，蔓生，主茎明显。生育期 4 月中旬至 10 月中旬，花期 8 月上旬至 10 月上旬，花深紫色、短花序，茸毛棕色、紧贴、密度稀，叶卵圆形，叶长 6.0 cm、叶宽 2.4 cm，荚深褐色、弯镰形，荚长 1.81 cm、宽 0.41 cm，种皮黑色、有泥膜，种脐黑色，籽粒长椭圆形、无光泽，子叶黄色，百粒重约为 1.01 g，籽粒蛋白质含量为 50.01%、脂肪含量为 15.06%，为高蛋白种质资源。田间表现为高抗霜霉病，抗虫。

【利用价值】可用于饲料、绿肥，作大豆起源和演化研究，或作育种亲本。

188. 桂野 22-188

【学名】Leguminosae（豆科）Papilionoideae（蝶形花亚科）*Glycine*（大豆属）*Glycine soja* Sieb. et Zucc.（野生大豆）

【采集地】广西壮族自治区桂林市永福县。

【类型】普通野生大豆，一年生草本。

【主要特征特性】无限型结荚习性，蔓生，主茎明显。生育期 4 月中旬至 10 月中旬，花期 8 月中旬至 10 月上旬，花紫色、中花序，茸毛棕色、紧贴、密度稀，叶卵圆形，叶长 5.8 cm、叶宽 2.1 cm，荚褐色、弯镰形，荚长 1.75 cm、宽 0.36 cm，种皮黑色（黑花）、有泥膜，种脐黑色，籽粒长椭圆形、无光泽，子叶黄色，百粒重约为 0.90 g，籽粒蛋白质含量为 49.23%、脂肪含量为 14.21%，为高蛋白种质资源。田间表现为高抗霜霉病，抗虫。

【利用价值】可用于饲料、绿肥，作大豆起源和演化研究，或作育种亲本。

189. 桂野 22-189

【学名】Leguminosae（豆科）Papilionoideae（蝶形花亚科）*Glycine*（大豆属）*Glycine soja* Sieb. et Zucc.（野生大豆）

【采集地】广西壮族自治区桂林市永福县。

【类型】普通野生大豆，一年生草本。

【主要特征特性】无限型结荚习性，蔓生，主茎明显。生育期 4 月中旬至 10 月中旬，花期 8 月下旬至 10 月上旬，花浅紫色、中花序，茸毛棕色、紧贴、密度稀，叶披针形，叶长 7.3 cm、叶宽 2.1 cm，荚褐色、弯镰形，荚长 2.10 cm、宽 0.46 cm，种皮黑色（黑花）、有泥膜，种脐黑色，籽粒长椭圆形、无光泽，子叶黄色，百粒重约为1.08 g，籽粒蛋白质含量为 50.89%、脂肪含量为 13.11%，为高蛋白种质资源。田间表现为高抗霜霉病，抗虫。

【利用价值】可用于饲料、绿肥，作大豆起源和演化研究，或作育种亲本。

190. 桂野 22-190

【学名】Leguminosae（豆科）Papilionoideae（蝶形花亚科）*Glycine*（大豆属）*Glycine soja* Sieb. et Zucc.（野生大豆）

【采集地】广西壮族自治区桂林市永福县。

【类型】普通野生大豆，一年生草本。

【主要特征特性】无限型结荚习性，蔓生，主茎明显。生育期 4 月中旬至 10 月中旬，花期 8 月下旬至 10 月上旬，花浅紫色、中花序，茸毛棕色、紧贴、密度稀，叶披针形，叶长 8.2 cm、叶宽 3.4 cm，荚褐色、弯镰形，荚长 2.06 cm、宽 0.48 cm，种皮黑色（黑花）、有泥膜，种脐黑色，籽粒长椭圆形、无光泽，子叶黄色，百粒重约为 0.78 g，籽粒蛋白质含量为 50.62%、脂肪含量为 14.34%，为高蛋白种质资源。田间表现为高抗花叶病毒病，抗虫。

【利用价值】可用于饲料、绿肥，作大豆起源和演化研究，或作育种亲本。

191. 桂野 22-191

【学名】Leguminosae（豆科）Papilionoideae（蝶形花亚科）*Glycine*（大豆属）*Glycine soja* Sieb. et Zucc.（野生大豆）

【采集地】广西壮族自治区桂林市永福县。

【类型】普通野生大豆，一年生草本。

【主要特征特性】无限型结荚习性，蔓生，主茎明显。生育期4月中旬至10月中旬，花期8月下旬至10月上旬，花紫色、短花序，茸毛棕色、紧贴、密度稀，叶披针形，叶长6.6 cm、叶宽1.8 cm，荚灰褐色、弯镰形，荚长1.83 cm、宽0.39 cm，种皮黑色（黑褐）、有泥膜，种脐黑色，籽粒长椭圆形、无光泽，子叶黄色，百粒重约为0.85 g，籽粒蛋白质含量为47.02%、脂肪含量为14.85%，为高蛋白种质资源。田间表现为高抗花叶病毒病，抗虫。

【利用价值】可用于饲料、绿肥，作大豆起源和演化研究，或作育种亲本。

192. 桂野 22-192

【学名】Leguminosae（豆科）Papilionoideae（蝶形花亚科）*Glycine*（大豆属）*Glycine soja* Sieb. et Zucc.（野生大豆）

【采集地】广西壮族自治区桂林市永福县。

【类型】普通野生大豆，一年生草本。

【主要特征特性】无限型结荚习性，蔓生，主茎明显。生育期 4 月中旬至 10 月中旬，花期 8 月下旬至 10 月上旬，花紫色、中花序，茸毛棕色、紧贴、密度稀，叶卵圆形，叶长 7.3 cm、叶宽 2.2 cm，荚褐色、弯镰形，荚长 2.09 cm、宽 0.43 cm，种皮黑色（黑斑）、有泥膜，种脐黑色，籽粒长椭圆形、无光泽，子叶黄色，百粒重约为 1.09 g，籽粒蛋白质含量为 48.65%、脂肪含量为 14.44%，为高蛋白种质资源。田间表现为高抗霜霉病。

【利用价值】可用于饲料、绿肥，作大豆起源和演化研究，或作育种亲本。

193. 桂野 22-193

【学名】Leguminosae（豆科）Papilionoideae（蝶形花亚科）*Glycine*（大豆属）*Glycine soja* Sieb. et Zucc.（野生大豆）

【采集地】广西壮族自治区桂林市永福县。

【类型】普通野生大豆，一年生草本。

【主要特征特性】无限型结荚习性，蔓生，主茎明显。生育期 4 月中旬至 10 月中旬，花期 8 月下旬至 10 月上旬，花深紫色、中花序，茸毛棕色、紧贴、密度稀，叶卵圆形，叶长 5.8 cm、叶宽 2.6 cm，荚褐色、弯镰形，荚长 1.75 cm、宽 0.39 cm，种皮黑色（黑褐）、有泥膜，种脐黑色，籽粒长椭圆形、无光泽，子叶黄色，百粒重约为 0.88 g，籽粒蛋白质含量为 52.21%、脂肪含量为 13.46%，为高蛋白种质资源。田间表现为高抗花叶病毒、高抗霜霉病。

【利用价值】可用于饲料、绿肥，作大豆起源和演化研究，或作育种亲本。

194. 桂野 22-194

【学名】Leguminosae（豆科）Papilionoideae（蝶形花亚科）*Glycine*（大豆属）*Glycine soja* Sieb. et Zucc.（野生大豆）

【采集地】广西壮族自治区桂林市永福县。

【类型】普通野生大豆，一年生草本。

【主要特征特性】无限型结荚习性，蔓生，主茎明显。生育期4月中旬至10月中旬，花期8月中旬至10月上旬，花紫色、中花序，茸毛棕色、紧贴、密度稀，叶椭圆形，叶长5.8 cm、叶宽2.4 cm，荚黄褐色、弯镰形，荚长1.98 cm、宽0.47 cm，种皮黑色（黑斑）、有泥膜，种脐黑色，籽粒长椭圆形、无光泽，子叶黄色，百粒重约为1.06g，籽粒蛋白质含量为50.69%、脂肪含量为13.78%，为高蛋白种质资源。田间表现为高抗花叶病毒、高抗霜霉病。

【利用价值】可用于饲料、绿肥，作大豆起源和演化研究，或作育种亲本。

195. 桂野22-195

【学名】Leguminosae（豆科）Papilionoideae（蝶形花亚科）*Glycine*（大豆属）*Glycine soja* Sieb. et Zucc.（野生大豆）

【采集地】广西壮族自治区桂林市兴安县。

【类型】普通野生大豆，一年生草本。

【主要特征特性】无限型结荚习性，蔓生，主茎明显。生育期4月中旬至10月中旬，花期7月下旬至10月上旬，花紫色、短花序，茸毛棕色、紧贴、密度稀，叶卵圆形，叶长5.2 cm、叶宽2.8 cm，荚褐色、弯镰形，荚长1.94 cm、宽0.42 cm，种皮黑色、有泥膜，种脐黑色，籽粒长椭圆形、无光泽，子叶黄色，百粒重约为1.26 g，籽粒蛋白质含量为50.23%、脂肪含量为15.60%，为高蛋白种质资源。田间表现为抗虫。

【利用价值】可用于饲料、绿肥，作大豆起源和演化研究，或作育种亲本。

196. 桂野 22-196

【学名】Leguminosae（豆科）Papilionoideae（蝶形花亚科）*Glycine*（大豆属）*Glycine soja* Sieb. et Zucc.（野生大豆）

【采集地】广西壮族自治区桂林市全州县。

【类型】普通野生大豆，一年生草本。

【主要特征特性】无限型结荚习性，蔓生，主茎明显。生育期4月中旬至10月中旬，花期8月中旬至10月上旬，花紫色、短花序，茸毛棕色、紧贴、密度稀，叶披针形，叶长5.4 cm、叶宽1.7 cm，荚褐色、弯镰形，荚长1.75 cm、宽0.39 cm，种皮黑色、有泥膜，种脐黑色，籽粒椭圆形、无光泽，子叶黄色，百粒重约为0.79 g，籽粒蛋白质含量为47.88%、脂肪含量为15.07%，为高蛋白种质资源。田间表现为高抗花叶病毒、高抗霜霉病。

【利用价值】可用于饲料、绿肥，作大豆起源和演化研究，或作育种亲本。

197. 桂野 22-197

【学名】Leguminosae（豆科）Papilionoideae（蝶形花亚科）*Glycine*（大豆属）*Glycine soja* Sieb. et Zucc.（野生大豆）

【采集地】广西壮族自治区贺州市昭平县。

【类型】普通野生大豆，一年生草本。

【主要特征特性】无限型结荚习性，蔓生，主茎明显。生育期 4 月中旬至 10 月中旬，花期 8 月下旬至 10 月上旬，花浅紫色、短花序，茸毛棕色、紧贴、密度稀，叶披针形，叶长 5.3 cm、叶宽 1.5 cm，荚褐色、弯镰形，荚长 1.78 cm、宽 0.45 cm，种皮黑色、有泥膜，种脐黑色，籽粒长椭圆形、无光泽，子叶黄色，百粒重约为 0.53 g，籽粒蛋白质含量为 49.02%、脂肪含量为 17.65%，为高蛋白种质资源。田间表现为高抗花叶病毒病，抗虫。

【利用价值】可用于饲料、绿肥，作大豆起源和演化研究，或作育种亲本。

198. 桂野 22-198

【学名】Leguminosae（豆科）Papilionoideae（蝶形花亚科）*Glycine*（大豆属）*Glycine soja* Sieb. et Zucc.（野生大豆）

【采集地】广西壮族自治区贺州市平桂区。

【类型】普通野生大豆，一年生草本。

【主要特征特性】无限型结荚习性，蔓生，主茎明显。生育期4月中旬至10月中旬，花期8月中旬至10月上旬，花深紫色、短花序，茸毛棕色、紧贴、密度稀，叶披针形，叶长4.6 cm、叶宽1.4 cm，荚深褐色、弯镰形，荚长1.98 cm、宽0.40 cm，种皮黑色（黑斑）、有泥膜，种脐黑色，籽粒长椭圆形、无光泽，子叶黄色，百粒重约为0.85 g，籽粒蛋白质含量为50.97%、脂肪含量为14.48%，为高蛋白种质资源。田间表现为高抗花叶病毒病，抗虫。

【利用价值】可用于饲料、绿肥，作大豆起源和演化研究，或作育种亲本。

199. 桂野 22-199

【学名】Leguminosae（豆科）Papilionoideae（蝶形花亚科）*Glycine*（大豆属）*Glycine soja* Sieb. et Zucc.（野生大豆）

【采集地】广西壮族自治区贺州市平桂区。

【类型】普通野生大豆，一年生草本。

【主要特征特性】无限型结荚习性，蔓生，主茎明显。生育期 4 月中旬至 10 月中旬，花期 8 月中旬至 10 月上旬，花紫色、短花序，茸毛棕色、紧贴、密度稀，叶披针形，叶长 6.7 cm、叶宽 1.9 cm，荚褐色、弯镰形，荚长 2.05 cm、宽 0.43 cm，种皮黑色（黑花）、有泥膜，种脐黑色，籽粒长椭圆形、无光泽，子叶黄色，百粒重约为 1.02 g，籽粒蛋白质含量为 50.55%、脂肪含量为 13.19%，为高蛋白种质资源。田间表现为高抗花叶病毒、高抗霜霉病，抗虫。

【利用价值】可用于饲料、绿肥，作大豆起源和演化研究，或作育种亲本。

200. 桂野 22-200

【学名】Leguminosae（豆科）Papilionoideae（蝶形花亚科）*Glycine*（大豆属）*Glycine soja* Sieb. et Zucc.（野生大豆）

【采集地】广西壮族自治区桂林市兴安县。

【类型】普通野生大豆，一年生草本。

【主要特征特性】无限型结荚习性，蔓生，主茎明显。生育期 4 月中旬至 10 月中旬，花期 8 月中旬至 10 月上旬，花紫色、短花序，茸毛棕色、紧贴、密度稀，叶卵圆形，叶长 5.2 cm、叶宽 2.4 cm，荚灰褐色、弯镰形，荚长 2.27 cm、宽 0.44 cm，种皮黑色、有泥膜，种脐黑色，籽粒长椭圆形、无光泽，子叶黄色，百粒重约为 1.02 g，籽粒蛋白质含量为 50.55%、脂肪含量为 13.19%，为高蛋白种质资源。田间表现为高抗霜霉病。

【利用价值】可用于饲料、绿肥，作大豆起源和演化研究，或作育种亲本。

第四章
广西野生大豆种质资源利用

第一节　野生大豆种质资源创新利用

野生大豆具有秆软蔓生、多花荚、多分枝等生物学性状，使其具有较大的丰产潜力；野生大豆具有蛋白含量高、不饱和脂肪酸含量较高、异黄酮含量较高、个别特异材料含有胰蛋白酶抑制剂缺失基因或无脂氧酶等优异品质，为我国大豆高蛋白育种、高含硫氨基酸育种、高不饱和脂肪酸育种、高异黄酮育种提供了宝贵基因资源。

相较于栽培品种因遗传基础狭窄导致抗病性逐渐丧失的缺陷，野生大豆保留了很多抗病虫基因，如来用才等（2004）通过对 989 份野生大豆种质资源的鉴定，筛选出高抗大豆孢囊线虫 3 号生理小种的种质 8 份、高抗大豆花叶病毒病种质 5 份；朱英波等（2011）对来自河北东部沿海地区的 119 份野生大豆种质资源进行了大豆胞囊线虫的抗性鉴定，筛选出抗病种质 48 份，占 40.3%，发现抗大豆胞囊线虫病野生大豆资源在冀东分布广泛，其中滦南野生大豆抗性资源比较丰富；刘淼等（2017）对黑龙江省的 620 份野生大豆资源进行了大豆疫霉菌的抗病性鉴定，筛选出抗 1 号生理小种的种质 55 份、抗 3 号生理小种的种质 52 份、抗 4 号生理小种的种质 62 份，同时筛选出兼抗的种质 27 份；霍云龙等（2005）对 412 份野生大豆种质资源进行抗大豆疫霉根腐病初步鉴定，有 13.4% 的种质抗大豆疫霉根腐病；靳立梅等（2007）对全国 19 个省份的 415 份野生大豆资源进行大豆疫霉根腐病抗性鉴定，鉴定出抗大豆疫霉根腐病种质 96 份，中抗的种质有 152 份；陈爱国等（2020）对不同原生境类型的 120 份野生大豆材料进行了田间抗大豆花叶病毒 SMV-1、SMV-3 株系的鉴定评价，筛选出对 SMV-1 株系高抗材料 1 份、抗病材料 7 份、中抗材料 22 份，对 SMV-3 株系抗病材料 6 份、中抗材料 19 份；郜李彬等（2008）从 138 份野生大豆资源中筛选出抗 SMV 东北 3 号株系材料 6 份、抗 SMV 黄淮 7 号株系材料 3 份；杨振宇等（2000 年）对野生大豆抗蚜性进行鉴定，发现野生大豆 85-32 高抗蚜虫。

野生大豆还有很强的环境适应能力，在涝洼地、盐碱地、瘠薄和干旱土壤上都能生长。在国际上已发现含有盐腺结构的野生大豆材料，为研究大豆耐盐机理及选育耐盐品种提供了基础材料。

1979 年以来，我国大豆科技工作者在野生大豆种质资源考察、收集的基础上，对野生大豆进行了多学科、不同层次的研究。从 1983 年开始，吉林省农业科学院利用野生大豆开展选育大豆细胞质不育系研究，育成世界上第一个大豆杂交种（赵丽梅等，2004）；姚振纯等（1999）利用野生大豆选育出的大豆新品系龙品 8807，蛋白质含量 48%，蛋白质加脂肪总含量达到 66% 以上；杨光宇等（2010）通过种间杂交或一次选择性回交和广义回交等方法，创造出一批单株荚数 150 个以上、节间短、每节荚数多、主茎有效节数多、百粒重 20.0 g 左右和直立型的产量性状突出的高产品系或中间材料，其中野 9112 品系产量潜力在 3 990 kg/hm^2 以上，选育出的高产、耐盐、抗旱、高蛋白吉育 59、吉育 66 等大豆新品种；吉林省农业科学院利用野生大豆种质选育出外贸出口专用新品种吉林小粒 1～7 号，其中吉林小粒 1 号是我国直接利用野生大豆育成的第一个通过省品种审定的大豆新品种，吉林小粒 4 号种植区域跨越 7 个纬度，适应性广（陈爱国等，2020）；黑龙江省农业科学院利用寒地野生大豆挖掘出高异黄酮、调控花期、产量、抗性等多个重要育种目标性状相关基因；山东省农业科学院利用野生大豆选育的"东饲豆 1 号""鲁饲豆 2 号"和"鲁饲豆 3 号"可极大提高饲草产量，真正地实现野生大豆饲草高产，相较于其他饲草，产量提高了 12% 以上（马光薇等，2019；于德花等，2017）。

第二节　广西野生大豆种质资源利用

一、广西野生大豆具有良好的抗生物胁迫能力

大豆疫霉根腐病是一种严重的土传病害，可以在大豆生长的各个时期发病，但在苗期更为明显，在连作和土壤湿度大的地区为害尤为严重。任海龙（2010）鉴定出 2 份广西野生大豆资源抗大豆疫霉根腐病。大豆白粉病是由大豆白粉病菌侵染引起的一种区域性和季节性较强的真菌性病害，在凉爽、湿度大、早晚温差较大的环境条件下较易发病，能导致感病品种减产 30%～40%。江炳志（2015）对来源于我国南方的 5 个省（区）的 408 份野生大豆白粉病抗性鉴定，研究结果表明，来源于广西的抗白粉病的野生大豆数量和所占的比例最大，其中对白粉病免疫（0 级）的广西野生大豆种质 21 份（占 31%）、高抗（1 级）6 份（占 9%）。

二、广西野生大豆具有良好的抗非生物胁迫能力

野生大豆环境适应能力很强，在一些低洼地、盐碱地及干旱土壤上都可以生长。陈渊等（2006）发现野生大豆具有比栽培大豆更强的耐旱性，通过对 110 份广西野生大豆种质资源的耐旱性进行多年田间观察鉴定，筛选出桂野 82-06、桂野 82-21 等 26 份耐旱性极强的野生大豆种质。广西野生大豆还具有耐碱性，1981—1982 年在全州县收集到 1 份耐碱性的野生大豆。

三、广西野生大豆在育种中的应用

1. 广西野生大豆具有高蛋白优异性状

广西野生大豆的蛋白质含量较栽培大豆高，2022 年利用近红外分析检测 200 份野生大豆种质的蛋白质含量，得出野生大豆蛋白质平均含量 48.82%，含量最高达到 55.10%，是优良高蛋白质种质资源。文仁来等（1991）对广西 110 份野生大豆种质资源进行品质分析，蛋白质含量在 45% 以上的种质有 18 份，其中桂野 82-04 蛋白质含量最高达 49.27%。利用这些高蛋白质野生大豆材料与栽培大豆作亲本配置组合 100 多个，经过回交、复合杂交等方法获得一批蛋白质含量 45% 以上、结荚较多、株型直立型的后代品系。

2. 广西野生大豆丰产型利用

广西野生大豆具有多花多荚的特性特征，不同野生大豆结荚数有很大差异。陈渊等（2006）筛选出 15 份单株结荚数 2 000 个以上丰产型野生大豆材料，其中单株结荚最高的是桂野 83-92，单株结荚 3 796 个，并选用丰产型野生大豆和栽培大豆为亲本配置一批组合，其中宜山六月黄 × 桂野 82-31（单株结荚 2 334 个）F_1 代单株结荚高达 900 个。

四、广西野生大豆在分子生物学研究中的应用

GmPAP1 属低磷诱导基因，在磷缺乏时主要在叶部和根部表达。程春明等（2010）通过同源克隆测序分析 68 份来源于华南亚热带地区江西、湖南、福建、广西等地野生大豆 *GmPAP1* 基因的多样性，结果表明，来自广西的野生大豆 BW81 的基因序列与对照基因 *GmPAP1* 序列最为接近，只在 41 bp 及 401 bp 两处发生了碱基的变化。

另外，广西野生大豆还用于生育期长度及结构性状方面研究（朱贝贝等，2012）和不同进化程度大豆群体蛋白表达差异与解剖结构差异间的关系研究（李峰，2015）。

第五章
广西野生大豆种质资源存在的问题及保护对策

第一节　广西野生大豆种质资源存在的问题

一、广西野生大豆种质资源没有得到有效的保护

野生大豆种质资源是大豆科技原始创新、现代种业发展的重要物质基础，是保障粮食安全、建设生态文明、支撑农业可持续发展的战略性资源。

由于野生大豆种质资源保护宣传不足、群众保护意识不强，农业种植结构调整、城市扩张等人类生产活动和生态环境变化的影响，广西野生大豆原生境未得到有效保护，野生大豆生存环境受到了破坏，野生大豆迅速减少，造成了野生大豆一些优良基因的流失，这非常不利于研究工作的进行以及对野生大豆的开发。

2015—2021 年考察发现，随着城镇建设的高速发展、公路建设、环境污染、滥伐森林、盲目开垦、农田精耕细作、生态环境日益恶化、经济开发区和旅游景点的大力兴建、人为破坏、收集与保存力度不够等多种因素的影响，广西野生大豆的生存环境受到较大冲击，较多的野生大豆资源已遭到毁坏或即将遭到破坏，分布面积急剧减少或消失。如 2008 年兴安县容江镇兴安县农科所内的路边、果园、草地及栅栏上生长着很多野生大豆，而且野生大豆类型很丰富，有绿种皮、灰色荚、1 粒荚和 2 粒荚野生大豆及半野生大豆。由于兴安县农科所被列为城市规划范围，2021 年再到此地进行考察时，此处野生大豆的生长环境遭到严重威胁，大面积的野生大豆已濒临绝迹。全州县咸水镇和绍水镇的野生大豆分布面积比较广，且连片生长，但其主要生长在果园内，缠绕在果树上，大多在结荚前就被割断用作果树肥料，虽此处野生大豆近年内不会绝种，但其分布面积、群落、类型和多样性将会逐渐减少。恭城瑶族自治县栗木镇野生大豆主要生长在公路旁、田边、地头，由于农田精耕细作、开荒种植经济作物，野生大豆的生存环境遭受到严重破坏，只有零星的野生大豆分布在田间地头，野生大豆濒临绝迹。兴安县兴安镇有一个较大的野生大豆居群，但由于城镇化建设，此处已经打好地基准备建设房屋，这个居群的野生大豆生境也遭到了威胁。另外，1981 年在全州县白宝乡公社考察时，发现有白花的野生大豆资源，再次考察时虽在白宝乡收集到多份野生大豆，但都是紫花，没发现珍贵的白花材料，此处的白花野生大豆资源可能已经灭绝；1981—1982 年和 1992—1994 年在富川县、南丹县、乐业县等县收集到多份野生大豆，2015—2021 年回访调查富川县、南丹县、乐业县时，由于开垦荒地、环境污染严重、生态环境遭到破坏，野生大豆资源已消失（图 5-1、图 5-2）。

图 5-1　兴安县一处野生大豆居群被破坏

图 5-2　果园的野生大豆被砍

二、广西野生大豆种质资源的鉴定评价利用工作没有深入

由于广西野生大豆种质资源收集年份不同，导致保存单位对野生大豆种质资源评价指标参差不齐，生物资源采集记录信息不完整，野生资源采集地点信息不完善、种质名称重名或同名异物，有部分野生大豆种质资源还没有进行编目整理。

野生大豆种质资源繁殖更新、开发利用等基础性工作薄弱，资源典型性和关键性数据缺乏，特征特性描述不齐全。

对野生大豆的研究利用水平有待提高。目前，已收集保存广西野生大豆种质资源400多份，但是，对野生大豆的优良性状鉴定、基因资源挖掘的研究比较少，相关论文和专利还比较少，对野生大豆种质资源的利用研究水平还有待于进一步提高。

三、缺乏野生大豆种质资源网络信息服务平台

广西野生大豆经过了 1981—1982 年一次较大规模的收集、1992—1994 年桂西山区农作物资源考察收集和 2015—2020 年农业农村部组织开展的第三次全国农作物种质资源普查与收集行动及 2008 年广西野生大豆种质资源考察收集活动，基本查清了广西野生大豆的分布情况并进行收集鉴定。但广西野生大豆种质资源信息查询与共享服务体系还没有建立起来，野生大豆种质资源信息没有共享渠道，可提供对外共享服务的种质资源较少，阻碍了广西野生大豆种质资源的有效利用，野生大豆种质资源信息获取与分享途径狭窄，不利于野生大豆种质资源的开发利用，不能充分发挥其作用。

第二节　广西野生大豆种质资源的保护对策

一、建立广西野生大豆种质资源保护区

野生大豆种质资源对大豆育种意义重大，野生大豆又属于国家二级野生濒危物种。因此，为了避免野生大豆优良基因的丢失，保障野生大豆的可持续利用，应加强广西野生大豆种质资源的原位保护或原生境保护，即在遗传多样性比较丰富且具有一定面积的区域申请建立野生大豆原位保护区，使其原生境保护得到改善，确保野生大豆的健康生长，丰富野生大豆种质资源群落。

二、加强广西野生大豆种质资源的异地保存

在原生境保护基础上，为将野生大豆保护风险降到最低，同时为了育种应用能够顺利进行，应加强广西野生大豆种质资源的调查收集工作，对野生大豆的优良性状进行分析，对优质基因进行分类管理，把收集的野生大豆种质进行异地备份保存。为确保安全，收集到的野生大豆种质资源经过筛选整理送入国家和广西农作物种质资源中心种子库低温保存，同时设立专门的野生大豆种质资源圃进行繁殖保存。

三、加强对广西野生大豆种质资源的创新利用

作为大豆育种振兴的重要基础，广西野生大豆的潜在价值还没有被完全开发出来。在加强野生大豆种质资源保护的同时，应加强投入，开展野生大豆的应用基础研究和应用研究，一方面，加强广西野生大豆种质资源重要的经济性状鉴定工作，如产量、抗病性、抗虫性、耐逆性、耐低营养因子、异黄酮含量等；另一方面，加强对广西野生大豆种质资源基因水平评价工作，重点开展野生大豆的结构基因组学、比较基因组学、进化基因组学、功能基因组学及生物信息学等方面的研究，进一步深入发掘利用野生大豆的优异基因，培育出更多优质高产抗性强的新品种，为科研生产服务。

四、构建广西野生大豆种质资源信息共享平台

为改善广西野生大豆种质资源现状，并提高野生大豆种质资源的利用效率，解决目前野生大豆种质资源科研工作中产生的人工记录归档各种数据、性状数据资料不全、资源数据分散、资源数据易出错与丢失、不易管理与查询、缺乏资源共享平台等问题，利用当前计算机技术来实现统一管理、查看种质数据，并实现野生资源实物共享的解决方案。结合当前计算机互联网等高新技术，开展广西野生大豆种质资源信息服务平台的设计与构建工作，通过平台实现对野生大豆种质资源的收集、保存、繁种鉴定、性状数据采集、种质资源数据库建设，面向科研与教学机构、科研工作者、企业、生产服务部门等提供多元化的野生大豆种质资源共享、交流、交换服务，为开发、利用和保护广西野生大豆种质资源遗传多样性提供信息与科学依据。

参 考 文 献

陈爱国，王岩，2020. 野生大豆资源保护及利用研究进展 [J]. 农业开发与装备 (12): 58-59.

陈爱国，王岩，孟未来，等，2020. 不同原生境来源野生大豆抗花叶病毒（SMV）综合评价及聚类分析 [J]. 辽宁农业科学 (1): 7-13.

陈渊，梁江，程伟东，2006. 广西野生大豆资源与创新利用 [J]. 广西农业科学，37(5): 499-502.

程春明，杨存义，马启彬，等，2010. 华南野生大豆 GmPAP1 基因多样性分析 [J]. 大豆科学，29(6): 290-294.

郜李彬，曹越平，周斐红，等，2008. 大豆种质资源对 SMV 东北 3 号株系和黄淮 7 号株系的抗性鉴定 [J]. 中国种业 (2): 48-50.

广西野生大豆资源考察组，1983. 广西野生大豆资源考察报告 [J]. 广西农业科学 (3): 14-18.

霍云龙，朱振东，李向华，等，2005. 抗大豆疫霉根腐病野生大豆资源的初步筛选 [J]. 植物遗传资源学报，6(2): 182-185.

江炳志，2019. 大豆抗白粉病资源筛选及抗病基因精细定位 [D]. 广州：华南农业大学 .

靳立梅，徐鹏飞，吴俊江，等，2007. 野生大豆种质资源对大豆疫霉根腐病抗性评价 [J]. 大豆科学 (3): 300-304.

李锋，2014. 野生和栽培大豆苗期根尖解剖结构及蛋白表达差异 [D]. 南昌：南昌大学 .

刘开强，李博胤，车江旅，等，2020. 广西猫儿山及其周边地区农作物种质资源收集与多样性分析 [J]. 植物遗传资源学报，21(5): 1186-1195.

刘淼，来永才，李炜，等，2017. 黑龙江省野生大豆疫霉根腐病抗病性评价 [J]. 中国种业 (8): 53-56.

马广薇，陈晓坤，莫从古，2019. 五河县野生大豆种质资源保护现状及对策 [J]. 现代农业科技 (14): 47-48，51.

覃初贤，陆平，王一平，1996. 桂西山区食用豆类种质资源考虑 [J]. 广西农业科学 (1): 26-28.

任海龙，宋恩亮，马启彬，等，2010. 南方三省（区）抗大豆疫霉根腐病野生大豆资源的筛选 [J]. 大豆科学，29(6): 1012-1015.

文仁来，魏菊宋，谭华，等，1991. 广西大豆种质资源蛋白质脂肪含量分析 [J]. 广西农业科学 (6): 252-254.

徐昌，1982. 广西野生大豆资源考察初报 [J]. 广西农业科学，41(4): 390-392.

姚振纯，林红，来永才，1999. 蛋白质与脂肪总含量 66.16% 大豆种间杂交新种质的选育 [J]. 作物品种资源 (3): 6-7.

杨振宇，本多健一郎，王曙明，等，2004. 中国东北抗蚜野生大豆重复鉴定的研究 [J]. 吉林农业科学 (5): 3-6.

杨光宇，王洋，马晓萍，等，2010. 野生大豆利用技术研究与应用 [J]. 世界农业 (3): 47-48.

于德花，毕云霞，徐化凌，等，2017. 耐盐饲用大豆东饲豆 1 号的选育 [J]. 种子，36(2): 116-117.

曾维英，梁江，陈渊，等，2010. 广西野生大豆的考察与收集 [J]. 广西农业科学，41(4): 390-392.

赵丽梅，孙寰，王曙明，等，2004. 大豆杂交种杂交豆 1 号选育报告 [J]. 中国油料作物学报 (3): 16-18.

朱贝贝，孙石，韩天富，等，2012. 中国不同地区野生大豆与栽培大豆生育期长度及结构性状的比较 [J]. 大豆科学，31(6): 894-898.

朱英波，史凤玉，李建英，等，2011. 抗大豆胞囊线虫病野生大豆种质资源的初步筛选 [J]. 大豆科学，30(6): 959-963.